麥凱銷售聖經

人人都能發掘自我潛能，成為銷售精英

哈維・麥凱
Harvey Mackay
吳國欽 譯

The Mackay MBA of Selling in the Real World

＊本書為《麥凱銷售聖經》的改版書

獻辭

獻給：

所有推銷員……每個人內心深處的推銷員。

從五歲的檸檬水小販……到賣二五〇百萬瓦渦輪發電機的奇異推銷好手。

從朗誦奧妙的文字，吸引青少年聚精會神傾聽的英國文學老師……到為保護沼澤地野生動物奔走的社區志工。

忘掉《推銷員之死》，擁抱推銷員之生！

談判和說服是我們每天二十四小時、每週七天做的事。但願人人都能得心應手……且優雅嫻熟得令人無法抗拒。

目錄

II 觀想的力量

III 堅持不懈

Ⅳ 愈挫愈勇

V 昂首闊步

VI 網路人脈

推薦序

按下美好人生的啟動鈕

盧・霍茲

見過哈維・麥凱的人絕不會忘記他。從我認識他沒多久，我就敬愛哈維如兄弟。教練基本上就是個業務員，在我成為教練前，我也是名業務員，而我在那段期間學會最重要的教導是：「**你不是在向任何人推銷，你是在幫助人們得到他們想要的。**」

我從未見過比哈維更懂銷售的人，因為他把一生用在幫助人們得到他們想要的東西。在他的大作中，哈維給讀者他們想要的東西：至高無上的銷售技巧。

《紐約時報》暢銷書作家

一九八八年，哈維決定整理他在銷售技巧、管理、激勵和談判的一切知識，彙集成一本書，取名為《攻心為上》（*Swim with the Sharks Without Being Eaten Alive*）。這本書成了《紐約時報》（*New York Times*）排行榜第一名的暢銷書，並揭開了哈維公開演講生涯的序幕。今日，哈維是六本《紐約時報》暢銷書的作者，《紐約時報》將他的兩本書《攻心爲上》和《談笑用兵：洞悉商場策略》（*Beware the Naked Man Who Offers You His Shirt*）列入歷來十五本最佳勵志商業書籍之中。他寫的勵志商業書全球賣出超過一千萬冊，被翻譯成四十二種語言，銷售遍及八十個國家。

《攻心爲上》爲哈維開創了成功的國際演講生涯，在長達二十多年的時間裡，他每週一次在世界各地爲財星（Fortune）一千大企業或主要企業協會演講。他是美國最受歡迎和最具娛樂性的企業演說家。一九九三年他被國際演講協會（Toastmasters International）選爲全球五大頂尖演說家之一，同時榮登美國演講者協會名人堂（National Speakers Association's Hall of Fame）。哈維也對許多頂尖商學院的學生發表演講——哈佛、史丹佛、華頓商學院、芝加哥大學、南加州大學和聖母大學（University of Notre Dame）。

哈維從一九九三年起就是聯合特稿組織（United Feature Syndicate）的專欄作家，每週撰寫商業文章，發表在全美各地六十家總發行量超過一千萬份的報紙與雜誌上。哈維強調：「雖然我寫的文章被稱作『商業專欄』，實際上它們的內容是生活教導。」

超過二百家大學使用哈維的書和專欄，而且幾乎每一家美國的圖書館都找得到他的相關著述。除了四處可見的文章和公開演講外，哈維也擔任逾五百名學生及年輕人的顧問兼人生導師。

無人可及的實戰心理學家

一九八三年十二月，哈維邀我來明尼蘇達大學（University of Minnesota）整頓該校美式足球隊時，他穿著一件浣熊皮大衣在雙子城機場迎接我。要不要接這件差事，我那時候心裡完全沒底。外面冷冽的寒風一定不到華氏三十度，而哈維卻是熱情如火，渾身充滿幹勁。我當下立即知道，我面對的是一位頂尖心理學大師。

儘管我對當地氣候感到猶豫，哈維還是說服我來到明尼蘇達州，這是個正確的決定。直到今日，我仍然深深佩服他對一切細節設想得如此周到，並且推翻了我的每一項反對理由。他完全了解勸說的對象，所有細節都在他的掌握之中。每一項吸引人的好處都在最合宜的時刻，流暢無礙地向我介紹，而發揮了最大的說服力。

這些早期的會晤、商討後來也促成了我們二人一生的情誼。此後，我有很多時間與哈維在高爾夫球場相處，他了不起的競爭思維更是讓我讚嘆不已。我和他至少打過一百場高爾夫球，他從來沒有一次失去競爭鬥志。隆巴迪（Vince Lombardi）教練堅稱，他從未輸過一場足球賽；只是比賽時間不夠長而已。

哈維也是。他永遠準備跟你打下一場九洞賽，而且他相信絕對可以趁你比賽失誤，或是精神不濟時，來個絕地大反攻。只要時間和次數夠多，我相信他絕對辦得到。哈維深諳如何注意每個心理訊號和動機的線索。更厲害的是，他知道如何教導別人用同樣靈敏的耳朵去傾聽。

你知道我對哈維狂熱的競爭心最感佩服的是什麼嗎？他永無止盡的學習能力。我知道他有一個馬拉松賽跑教練和演講教練，這已經很不簡單了，有一天下午哈維在奧古斯都（Augusta）阿門角（Amen Corner）球場的第十三洞，還擊出了一記漂亮的推桿進洞。我問他是怎麼辦到的，他突然小小聲地說：「盧，是我的推桿教練幫忙的。」接著，他告訴我這是他從史考茲岱爾（Scottsdale）灰鷹學習中心（Grayhawk Learning Center）的尤特利（Stan Utley）學到的祕訣。這就是他的推桿教練？當幾吋之差就能決定成敗時，哈維總是會找到能爲他增添寶貴優勢的大師。而且，在哈維骨子裡的那個導師總是以分享他的祕傳知識爲一大樂事。

人生使命宣言

哈維曾描述他的人生哲學建立在四個基礎上：「做一個好丈夫。做一個好父親。做一個好企業家。把你的幸運回饋給社區——包括時間和金錢。」他對成功的定義就是這麼直接。哈維說：「及早擬訂目標，長期堅持以成功達成目標，而且要並樂在其中。」

「譬如說，如果你是清道夫，就盡你所能做一個最好的清道夫；如果你是美髮師，就盡你所能做一個最好的美髮師；如果你是執行長，就盡你所能做一個最好的執行長。」哈維相信，這種態度必須在人生早期就培養，「我從未見過有哪個成功者未曾克服過一些或許多逆境。要翻山越嶺找尋導師。沒有人能靠自己就能成功……即使是獨行狹（Lone Ranger）也有唐托（Tonto）。」哈維相信終身教育，而且認爲教育是美國的當務之急。爲什麼？哈維的回答是：「我聽過最好的說法是：『如果你認爲教育的成本太高，那就試試無知吧！』」

當被問到如何才能成功時，哈維說，一定要從使命宣言（mission statement）開始。他的使命宣言很簡單：「我的目標是成功。爲了達成這個目標，我絕不停止學習、成長、改變，或是奉獻我自己。使命宣言完畢。按下美好人生的啟動鈕。」

哈維把回饋自己的社區當作人生的優先要務。多年來，他一直是明尼蘇達州明尼亞波利韓福瑞大都會巨蛋體育場（Hubert H. Humphrey Metrodome）籌備小組主席，對於能在體育館啟用的開幕棒球賽中獲邀開球，他感到非常驕傲。此外，他在爭取一九九二年超級盃在明尼亞波利比賽一事上，扮演關鍵角色，也是在爭取NBA球隊明尼蘇達灰狼（Minnesota Timberwolves）時的積極促成者。他還是「拯救地鼠運動計畫」（Save Gopher Sports Campaign）的共同策劃人，該計畫在二〇〇二年共募得近三百萬美元，用來拯救三項大學運動——男子高爾夫和女子高爾夫，以及男子體操——免於從明尼蘇達大學消失。男子高爾夫校隊後來還奇蹟式地贏得全美大學體育協會（NCAA）冠軍。

哈維是二十多家非營利組織董事會的成員，這些組織的宗旨都是爲他人和社區提供服務，他曾擔任其中多家組織的會長。哈維擔任勞勃·瑞福（Robert Redford）日舞影展協會（Sundance Institute）受託管理委員會委員長達十二年。他也是明尼蘇達州交響樂團和古塞里劇院（Guthrie Theatre）董事會成員，以及雅利那醫療系統（Allina Health Systems）、美國癌症學會（American Cancer Society）與美國心臟協會（American Heart Association）明尼蘇達分會成員。

哈維在一九七九至一九八一年間被同儕推選爲信封製造商協會（Envelope Manufactures Association）會長。他也榮登銷售與行銷主管國際成就學會名人堂與明尼蘇達州商業名人堂。他還擔任明尼蘇達大學全國校友會會長，以及明尼亞波利商會會長。

二〇〇四年，他獲得崇高的何瑞修·阿爾傑獎（Horatio Alger Award）。這個獎頒給「展現出致力於追求卓越，並以誠實、勤奮、白手起家和堅毅達成非凡成就」的美國人，頒獎地點就在美國最高法院的議事廳。二〇〇七年，他在紐約獲頒艾利斯島傑出移民獎（Ellis Island Medal of Honor）。上述兩項榮譽歷來的獲獎人包括總統、參議員、國王、女王、企業傳奇領袖、演藝人員和超級運動明星，加上一位前大學足球隊教練。

哈維在過去十五年參加過十次馬拉松賽跑，包括波士頓和紐約馬拉松賽。他是排名第一的明尼蘇達州高齡網球選手。他在講台上自我解嘲說，他在高中時瘦到可以穿著試管踩水過河。哈維也是一個前列腺癌症倖存者，他每一次演講總會提到每個男人過了四十五歲就要做攝護腺特定抗原（PSA）檢查的重要性。

當問到他和妻子共同創造的家庭時，哈維說：「朋友和家人多年來一直告訴我，我糊里糊塗就結了婚。你猜怎麼樣？確實如此。我不可思議的妻子卡蘿·安（Carol Ann）有許多成就是我完全比不上的。我們最棒的共同成就是三個孩子：大衛、蜜咪和喬喬，還有十一個美妙的孫子，他們是我人生的至寶。」

有一次有人要求哈維為人生提出一個概括性的建議，他說：「做你所愛，愛你所做，交出超乎承諾的成果。」

盧．霍茲

註：盧．霍茲（Lou Holtz）是美國美式足球史上的傳奇人物，歷來最偉大的大學美式足球教練之一。他是全美大學體育協會史上唯一曾帶領六支不同大學美式足球隊參加季後賽的教練，這是他在符合資格的第一年就榮登大學足球名人堂的原因。他在聖母大學美式足球隊令人難忘的領導，使他成為美國的偶像。他在ESPN運動電視網擔任大學美式足球首席球評期間，展現的見識與智慧更贏得不分年齡層、所有觀眾的喝彩。

推薦序

沒有一定的話術，只有一定的態度

林哲安

有幸能推薦激勵與銷售天王哈維．麥凱這本書。十五年前接觸到哈維．麥凱是因爲「麥凱66客戶檔案」，記錄了六十六種客戶資料，讓我學到沒有成交不了的客戶，只有你不夠了解客戶。

而這本書是你成功銷售路上的外接硬碟。裡面有許多激勵小故事和名人語錄，當你需要時，就好像接上外接硬碟，給你源源不絕的能量。

讓我印象最深刻的內容之包含：成功的七個C，銷售字母書，以及LinkedIn與臉書：新的握手法。我也很喜歡書中每篇最後都會有「麥凱箴言」提醒著我，像是：「世界上最大的房間，就是改善的空間。」、「少了正確的銷售的技巧，可怕的事發生了——什麼都沒發生。」、「喪失財富，你什麼都沒失去；喪失品格，你就失去了一切。」等等，這些都很不錯！

你的專業能力，決定你能走多快；你的心理戰力，決定你能走多遠。讓這本書，成爲你成功必備的心理裝備。

暢銷書《業務九把刀》作者
林哲安

推薦序

每篇文章都蘊含著銷售智慧

解世博

銷售業務，原本就是充滿高度競爭與挑戰，再加上二〇二〇年二月全球爆發的Covid-19，以及各國經濟即將面對的全球大通膨這些種種環境因素，我看到許多銷售夥伴們心生動搖、或是節奏大亂、甚至且戰且走……

在這樣的環境下，《麥凱銷售聖經》絕對是一本值得您收藏，細細閱讀的一本好書。它能激發您對銷售工作該有的企圖，能帶給您銷售路上該有的能量，帶著您重拾銷售該有的節奏。書中的每一篇文章更是蘊含著銷售智慧，更重要的是它能指引您，走在正確又能確保成功的銷售路上。

不論您從事的是何種產品的銷售工作，只要您對銷售行業還有著期盼，這本書絕對能帶您邁向頂尖銷售之路。這本書，也一直在我書架最醒目的地方，誠摯推薦給同在銷售路上的您。

超業講師／行銷表達技術專家／《超業攻略》作者／Podcast銷幫幫主
解世博

作者序

邁向成功的地圖

和我寫的前幾本書一樣，我的序言從感謝你購買本書開始。現在，我要你幫我一個忙，

不要——不要——讀本書。

別太斯文秀氣！

徹底研究它！劃線！

作記號！

貼便利貼！

別遲遲不肯把這些點子、觀念、工具和哲學用在工作上，智慧不會帶來報酬，業績才會帶來報酬。這些都是經過考驗的實戰經驗，來自我長達半世紀的銷售與商場領導生涯。本書不會帶來銷售技巧的革命，它只會徹底改造你內在的那個業務員。

歡迎來到這個你從不知道其存在的銷售世界，也祝福你有一個快樂而成功的生活！

我寫的每一本書都經常舉例，討論現實生活的情況，所以我覺得在各章中使用可以區分性別的主詞更眞切，也更容易閱讀。顯然，各章中的訊息並非專爲男性或女性而寫。希望大家能輕鬆愉快地閱讀本書，並從學習各章中，不管是男性或女性的經驗而獲益良多。

我安排本書章節的方式是想吸引讀者能從頭到尾讀完本書。每一章都很短，並把教導散布於穿插的故事中。

《麥凱銷售聖經》以循序漸進的方式邁向卓越。一些最難的教導都留在最後。

我的讀者特別偏好箴言和警語——有人稱之爲「冰箱門」智慧。我稱這類雋語爲「**幸運餅乾**」（Fortune Cookies），因爲如果你善用它們，有些眞的可以讓你幸運賺大錢。

全書穿插許多「**快課一分鐘**」（Quickies），有些是故事，有些則是短篇的研究。所有快課都提供不同面向的探討，有提供許多較輕鬆的內容。

我對本書的期望是：一本指引你邁向成功的詳細地圖。《麥凱銷售聖經》將教會你邁向成功路上需要的實戰心理裝備，尤其是在銷售的現實世界中。

＊　＊　＊

趕快閱讀本書，並經常深思書中的教導，這或許是學習銷售和人生的最佳方法。

前言

銷售巨星：渴望成功的鬥士

我一輩子都是個業務員，而我雇用業務員的時間也差不多這麼長。所以，我想我對銷售略知一二。我經常被問到如何辨識銷售巨星的特質？我認爲他們必須是：

·渴望的鬥士。如果我必須列出造就一位偉大業務員的三個特質，它們會是：

渴望成功的鬥士，

渴望成功的鬥士，和

渴望成功的鬥士。

我對這個特質就是這麼看重。我見過的每個優秀業務員都具有強烈的動機，他們擁有堅定的工作倫理，和旺盛的活力。他們比同儕工作得更勤奮、時間也更長。景氣不好時，他們仍會出去到處拜訪，努力尋找機會。

・**誠實正直**。我向來相信說實話是最佳政策。在商界，尤其是今日，這是必備的條件。幾年前，麻州波士頓論壇公司（Forum Corporation）曾針對來自五個產業十一家公司的三百四十一名業務員展開研究，目的是想了解頂尖業務員與一般業務員有什麼不同。研究得出的結果令人大爲驚訝，造就頂尖業務員的並非技巧、知識或魅力，而是來自一個特質：誠實。當客戶信任業務員時，就會向他們購買！

・**積極的態度**。你的態度，而非你的才幹，將決定你的高度；九〇%的成功來自於心態。只要改變你的想法，就能改變人生。在整個經濟大環境萎靡不振的困局中，跌倒也許不是你的錯，但不站起來絕對是你的錯。你必須是一個相信者，才能成爲一個成功者。

・**成為權威**。優秀的業務員對他們的產品由裡到外無不了解透澈；他們也了解競爭對手的產品，並隨時準備好指出其中的差別。

・**做好準備**。我仍然記得那則童子軍的老格言：「做好準備！」沒有錯，要做許多枯燥無聊的準備，才能創造出一鳴驚人的成果。

・**信譽良好**。有錢買不到信譽，你必須努力贏得它。沒有良好信譽，不管你做什麼都很難成功。

・**受人喜愛**。我從沒見過有誰會向不喜歡的人買東西。你眞誠嗎？你和藹可親嗎？你能自在地與人輕鬆交談嗎？

・**良好的第一印象**。你不會有第二次機會給人良好的第一印象。你的外表整潔端莊嗎？

是衣著隨便，或是過度打扮？

．**設定可衡量、明確、具體且可達成的目標，並且寫下來。**贏家會設定目標；輸家則尋找藉口。目標不只給你早上起床的理由，還能激勵你整天持續不懈，努力向前。

．**服務的心。**我常說銷售始於客戶點頭說好。優秀的業務員會確保工作準時完成——而且做對。有一樣東西企業永不嫌多：客戶。關心客戶，他們就會關心你。你必須注意細節到狂熱的程度。

．**最佳的聆聽者。**嘴巴張開就學不到任何東西。對許多人來說，聆聽表示「我說，你聽」。但，聆聽是個雙向過程。沒錯，你需要有人聽你說話，但你也需要聽聽別人的想法、問題和反對意見。如果你只顧自己說話而不聽別人說話，他們不會信服——他們只是被迫屈服。不管你相不相信，從事銷售工作，做個善於聆聽的人比做一個能言善道的人更重要。

．**具有幽默感。**再怎麼強調幽默感的重要性都不爲過。當過程中發生無法避免的挫折時，學習一笑置之。

．**渴望提升自己。**你不是一輩子只上一次學，而是一輩子都在學校學習。優秀的業務員不斷努力提升自己。他們參加課程、閱讀書籍、聽錄音帶，吸收一切能提升自己的東西。我們生活在資訊時代，因此很容易把握每一個學習的機會，每天、每個小時都能成長。

研究這份清單，並且下定決心培養或改進這些特質，然後準備迎接輝煌的銷售生涯吧！

麥凱箴言

平凡的業務員只說，優秀的業務員會解釋，卓越的業務員則會示範操作。

I

操之在己

1

早起的鳥兒

《舊金山記事報》（*San Francisco Chronicle*）過去每個月會邀請我參與該報週日版特刊的討論，有一個月的主題是：「你從哪個工作學到最多東西？」

思索良久，我才終於做出決定，因爲我成年後只做過兩份工作。我大學畢業後第一份工作是在另一家信封公司，我在那裡辛勤工作了近五年。當然，我從那份工作學了到許多東西，但我更想要擁有自己的公司。一九五九年，我買下了一家經營困頓的信封公司，接下來的事大家都已經知道了。我每天都從中學到新東西。

仔細思索後，我體悟到眞正教會我許多事的是我十歲時父親鼓勵我做的送報工作，當時我父親擔任美聯社（Associate Press）明尼蘇達州聖保羅市辦公室主任。

以下是我記得當時在那麼小的年紀就學到的教訓：

・**勤奮工作**。我每週七天清晨四點起床，屋外仍一片漆黑，有時候還下雪或是下雨，六點開始送報。一年中，我有九個月在送完報後還必須上學。

・**迅速**。要準時。訂戶希望能邊煎三分熟的蛋，邊打開早報閱讀當天的新聞。

・**專注**。當你每天都必須早起，你知道這表示你必須早點把功課做完、上床睡覺。想到辛苦工作能得到報酬會大有幫助。我一直在存錢想買些東西，如果我專注在這件事上，工作似乎就不再那麼辛苦。我始終認爲，只要專注，就能做到任何事。

・**堅持不懈**。你必須與各式各樣的人打交道，包括許多不願意支付報費的人。儘管如此，你還是必須鍥而不捨地緊追他們不放。我學會了工作有一帆風順的時候，也有諸事不順的時候，無論如何你都必須堅持到底，那麼不順遂很快就會好轉。

・**客戶服務**。送報可以學會如何與人面對面打交道。此外，有時候你必須爲無法掌控的事道歉，這對任何人來說都是很難教導的事，何況是對一個十歲的孩子。但是，只要報紙晚送到我這裡，我一定也會晚送達訂戶手上。還有，像天氣這類因素也會製造大麻煩。

・**品質管制**。誰喜歡濕報紙？當年沒有小塑膠袋可以裝報紙。而且很重要的是，我得記住誰希望報紙夾在門上、放在牛奶箱裡或踏墊下。

・**承擔責任**。我必須爲自己的送報路線負責，必須確保訂戶及時收到報紙，並支付報費。這些都是這行的老規矩了，尤其當你唱的又是獨角戲的時候。

・**處理金錢**。蒐集和保存財務紀錄很重要，學習如何處理金錢亦然。當時十美分的錯誤，就和現在一千美元的錯誤一樣嚴重。做生意需要用到加減，這也對我的算術課有幫助。

・**銷售技巧**。最重要的是，我學到了我的第一種技巧——銷售技巧。如果訂戶預先付款，我可以從報社賺到更多錢。如果我能讓訂戶提早付款一、兩個月，我就像進了糖果天堂。同樣的，如果我能開發新訂戶，就能賺更多。這對任何人來說，都是很棒的誘因。我從中明白了一件事：我熱愛銷售，而且很早就知道那將會是我畢生的志業。

如今，經過了五十多年在另一種「紙業」工作後，我可以誠實地說，那份送報工作對開創我的事業生涯極具關鍵性。每個人都必須從某個地方起步，你永遠忘不了自己的第一份工作。

今日，送報的工作通常都交給有駕照的成年人來做；新聞傳播的方式也愈來愈倚賴網際網路。但是我從送報童學到的經典商業知識，和其他年輕人從便利商店收銀機後面、當保姆、推草坪或照顧花園……等第一份工作中，學到的東西並無二致。

不管你在哪裡工作，你不是一個員工，而是一家只有一名員工的企業——你自己。沒有人欠你一個事業生涯。你原本就擁有它，你是一個獨立的業主。你必須在你的事業生涯中每天與數百萬人競爭。你必須每天提高自己的價值，淬鍊你的競爭優勢，學習，適應，換工作與行業——整頓自己，讓你可以精進並學習新的技巧。

麥凱箴言

學會以下教訓永不嫌早：人生學校的學生永遠有功課要做。

快課一分鐘 1

誠實永遠是對的

道德和誠實是每一位專業銷售人員生存的基石。讓我告訴你一則關於杜克大學（Duke University）化學教授邦克的真實故事。這個故事的教訓是：第一，誠實永遠是對的。第二，不誠實要冒很大的風險。

有一年，三個學生上化學課，他們在期末考前都拿到不錯的A。他們自信滿滿，所以在期末考前的週末決定到維吉尼亞大學（University of Virginia）參加朋友的派對。他們因為嚴重宿醉而在週日昏睡了一整天，一直到週一早上才趕回杜克大學。

他們沒有參加期末考，而是向邦克教授解釋，他們開車到維吉尼亞大學度週末，原本計畫趕回來複習功課，但車子在半路爆胎，他們沒有備胎，所以直到週日晚上很晚才回到學校，希望考試能延到週二。

邦克教授仔細考慮後，同意他們可以第二天補考。三個男生鬆了一口氣，感到開心不已。他們那天晚上用功讀書，第二天參加考試。邦克教授把他們安置在三個房間，各交給他們一份試卷，然後看看手錶，告訴他們考試開始。

三名學生把試卷打開，看到第一個有關氧氣的問題佔五分。

他們都心想，這次考試一定很容易。接著他們翻開第二頁，看到第二個問題佔九十五分：

哪個輪胎？

2

相信自己

我要說說另一位教授的故事。他面對著下面三十名分子生物學高年級班的學生，準備發期末試卷。「我很有幸這學期指導你們，我知道你們都很用功準備這次的考試。我也知道你們大多數人會在秋季進入醫學院或研究所深造。」他對學生說道，「我很清楚，要保持學業成績進步必須承受多大壓力，因爲我知道你們都有能力了解這些教材，所以我準備給任何寧可不接受期末考的人B的分數。」

有幾位學生如釋重負般跳了起來，謝過教授後便離開教室。教授看著少數留下來的學生，再度提議說：「還有人要接受嗎?這是你們最後的機會。」又有一名學生決定離開。

有七名學生留下來。教授把門關上，然後點名。接著，他發下期末試卷。試卷上打了兩個句子：「恭喜，你剛在這門課上得到A。繼續相信你自己。」

我從未碰過這樣考試的教授。這似乎是考試拿高分的好方法，也是各學科老師可以效法，也應該採用的考試方式。學生如果對他們學到的東西沒有信心，頂多只是B級學生。

對眞實人生的學生來說，這個道理也一樣。得A的學生是相信自己所作所爲的學生，因爲那是他們從成功和失敗的經驗中學得的教訓。他們從正規學校教育或現實生活中汲取人生的教訓，成爲更優秀的人。這些人是你在雇用或晉升時要找的人，或是在縮編時要留下的人。你的組織需要這種人。

心理學家說，人對自己的信念約莫在兩歲時就已形成了五〇%；到六歲時形成了六〇%，到八歲時則達到了八〇%。

你難道不想擁有小孩的精力和樂觀？沒有什麼事是你做不到、學不會，或當不成的。

但你已經是個大孩子，你知道自己有一些限制。但是，別讓你成爲自己最大的限制。向第一個登上聖母峰（Mount Everest）的希拉里爵士（Sir Edmund Hillary）借鏡：「我們征服的不是山，而是自己。」

還記得一英里跑進四分鐘的變遷史嗎？從古希臘以來，人們就嘗試達成這項紀錄。事實上，民間傳說流傳，希臘人要獅子追逐跑者，認爲那會讓他們跑得更快。他們也嘗試喝老虎奶——不是今日健康食品店賣的那種，而是貨眞價實的老虎奶。但是，全都沒有用。所以，他們的結論是：這是不可能的任務。幾千年來，每個人都如此相信著。

就人類生理而言，四分鐘內跑完一英里是不可能的任務。我們的骨骼結構不對，風阻太大，肺活量不足。理由有無數個。

然後有一個人，就只有一個人，他向醫師、訓練師、運動員，以及在他之前失敗的嘗試者證明：他們錯了。奇蹟中的奇蹟是，在班尼斯特（Roger Bannister）打破一英里四分鐘的紀錄三年後，大約有十幾個田徑選手也相繼打破這項紀錄。

幾年前在紐約，我站在第五大道一英里賽的終點線，看到十三個比賽選手全都在四分鐘內跑完一英里。換句話說，最後一名選手完成了幾十年前還認爲不可能達到的成就。

怎麼會這樣？相關的訓練方法並沒有任何偉大的突破，人類骨骼結構也未見突然改善。但，人的態度發生了改變。

一九五四年五月六日，班尼斯特跑出有史以來首次一英里跑進四分鐘的紀錄：三分五九．四秒。讓我們把時鐘從現在往回撥，過去六十年來，四分鐘障礙已被縮短了近十七秒。但故事還沒完，紐西蘭的沃克（John Walker）是第一個在生涯中跑出一百次四分鐘一英里的跑者，美國的史考特（Steve Scott）則跑出最多次四分鐘一英里，總計一百三十六次。

相信你自己，即使沒有人相信你。

格魯傑（Hicham El Guerrouj）是目前一英里賽的世界紀錄保持人，他在一九九九年羅馬奧運會上創下了三分四三．一三秒的紀錄。另一項突破這個不可思議成就的紀錄是：在一九九四年班尼斯特突破障礙的四十年後，愛爾蘭跑者柯格蘭（Eamonn Coghlan）成爲第一個年齡超過四十歲的跑者，在四分鐘內跑完一英里。

只要你肯設定目標，就可以達成目標。誰說你不夠強悍、聰明、優秀、勤奮、比不上你的競爭者？即使大家都說你辦不到，那也無所謂，重要的是——唯一重要的是——你自己怎麼說。直到班尼斯特辦到之前，我們都相信專家說的話。班尼斯特相信自己，並且改變了世界。只要你相信自己，就能成就一切事情。所以別放棄，絕不要放棄！

麥凱箴言

相信，就能達成。

快課一分鐘 2

押注自己！

不管你做什麼，不要學馬文。他連續三個月每天上教堂，向上帝祈禱讓他中樂透。

天空劃過一道閃電。

馬文問：「上帝，是祢嗎？我是個單純的人，我只想要一樣東西，請讓我中樂透。」

然後，上帝對他說：「幫我一個忙，我們打個商量，去買一張彩券。」

相信你自己，即使沒有人相信你。別坐著什麼都不做，只等著好事發生！

3

一個人可以改變世界

我這一生父親不斷教導我：一個人可以改變世界。我想不出比我的好朋友威法德（Jon Wefald）更好的例子，他在一九八六年出任堪薩斯州立大學（Kansas State University）第十二任校長，從退休到現在仍是該校名譽校長。以下是他輝煌生涯中的成就：

- 註冊學生人數從一九八六年的一萬六千五百人，到二〇〇九年時突破二萬三千五百人。威法德就任前，該校行政處於一九八四年曾預測，註冊學生數會減少到一萬一千人或一萬二千人左右。
- 校園增加的新建築面積約爲二百五十萬平方英尺，包括二十六座新建築物。
- 整體來說，堪州大已發展成全美國最美麗的大學之一。
- 今日，堪州大在動物醫療研究上是最尖端的學校。

・堪州大積極參與美國陸軍和五角大廈的研究，已成爲解決農業恐怖主義攻擊危機的全國性領導機構。

・堪州大學術地位在過去二十年大幅提升，現在已被視爲全國名列前茅的優秀大學。從一九八六年以來，總計有一百二十五位堪州大學生榮獲羅德（Rhodes）、馬歇爾（Marshall）、杜魯門（Truman）、高華德（Goldwater）和尤德爾（Udall）獎學金，使得堪州大過去二十年來領先所有公立大學，成爲獲得最多這類獎學金的大學。

・威法德是提出發展十二大聯盟（Big 12 Conference）構想的大學校長之一，而今日十二大聯盟已是美國最大的運動聯盟之一。

・堪州大的美式足球隊在過去十年崛起成爲全美十大足球隊之一，從一九九三年到二〇〇三年間連續十一年參加季後賽，並在二〇〇三年十二月於堪薩斯市舉行的十二大聯盟冠軍盃（Big 12 Championship）中擊敗奧克拉荷馬大學（University of Oklahoma），贏得該校足球史上最重要的一場比賽。

・堪州大的女子籃球隊在二〇〇四年拿下十二大聯盟冠軍盃。女子保齡球隊曾連續八年贏得全美大學體育協會聯賽。

總而言之，威法德擔任校長期間爲堪薩斯州立大學帶來的進步確實非同凡響，更貼切地說是成就驚人！

他是怎麼辦到的？威法德是我見過最偉大的業務員之一。

我們認識二十年來，我想威法德校長一定寫了超過五十封信給我，談他準備如何達成哪些夢想、目標和願景。當他邀請我在堪州大企管碩士班發表演講（晚上就住在校長宅邸）時，我親眼目睹了這位校長如何受到幕僚、教職員和學生的愛戴。

威法德評估、判斷自己所擁有的重大資產，然後努力不懈地落實它們來提升學校。威法德創造出來的輝煌成就，自然會映照在他個人身上。

麥凱箴言

你與眾不同的特質讓你得以領先群倫。讓它來為你效力。然後，讓它來推銷你。

4

對小事忠誠是一件大事

當情勢愈發艱困，有時候艱困就是拒絕離去。

巴波薩（Amador Barbosa）這位拉丁美洲裔美國戰爭英雄，也是布羅科（Tom Brokaw）稱爲「最偉大世代」（The Greatest Generation）的一份子，這些男男女女們以無比勇氣爲我們贏得二次世界大戰。不久前，新聞媒體刊登了一些一九四〇年代拉丁美洲裔戰爭英雄的口述歷史，八十多歲的巴波薩告訴《堪薩斯市商業日報》（*Kansas City Business Journal*）記者羅培茲（Manny Lopez），當年他在道路旁清理德軍地雷時發生的事。

一輛裝載炸藥的美國卡車因爲面臨地雷的威脅受命停止前進，巴波薩和他的夥伴必須卸下卡車上的所有危險貨物。突然，敵軍的子彈如槍林彈雨般落在卡車上，德軍嘗試炸掉那輛卡車和道路，以利他們逃走。卡車著火了，但巴波薩——忠於他的任務和團隊成員的生命——繼續卸下已經起火燃燒、裝著手榴彈和火箭筒的木箱。他因爲甘冒生命危險以拯救別人性命而獲頒士兵動章（Solider's Medal）——士兵動章比紫心動章（Purple Heart）高兩級。

這是非凡的忠誠行爲。在我們這個職涯已像行動電話和黑莓機一樣可攜化的世界裡，連普通的忠誠也正迅速從商業界消失。事實證明，忠誠是長期銷售關係中最重要的要素。缺乏忠誠是愈來愈多交易只靠價格成交的原因。

我從員工和朋友身上尋找的首要特質之一就是忠誠。有些員工可能很精明能幹，但如果不忠誠，雇用他們只會危及公司。朋友之間若沒有忠誠，就只是泛泛之交。只要是我的朋友，我都會對他們百分百忠誠——任何時候都是如此。我也期待得到相同的回報。

這一點從麥凱密契爾信封公司（Mackay Mitchell Envelope）的服務牆就能獲得證明，牆上展示了每一位員工的照片。你會讚嘆我們員工任職的時間，最資深的員工甚至長達四十五年。我們的退休員工中有許多人的工作生涯全都奉獻給了我們公司。

我的哲學是：員工的忠誠始於雇主的忠誠。你必須讓員工知道，只要他們能夠適當地發揮能力和效率在工作上，你就會支持他們。你也會關心他們工作生涯的發展，並提供他們需要的工具以展現良好的工作績效。如此一來，身爲雇主的你便能期待員工每天會以最大的努力來回報你。

這已超越「我幫你抓背，你也幫我抓背」的觀念。這當中有共同的目標，只有靠「每個人爲了大家的利益而通力合作」才能達成。

忠誠是銷售工作不可或缺的個人特質。

培養員工忠誠是創造客戶忠誠的第一步。我的事業仰賴忠誠客戶的日常營運，偶爾也因為他們的大筆採購而受惠。我們都有一群忠誠的客戶，即使他們能從其他地方用更低廉的價格採買，或是獲得更快的周轉、更好的服務，仍然繼續向我們採購。

但是，如果把這些「或」都改成「和」，你的客戶就會開始質疑起你對他們的忠誠。這個道理也適用於員工。一旦他們開始質疑自己受到的待遇，你就不能期待他們會拿出最好的工作表現。

我完全贊同《忠誠度法則》（*Loyalty Rules!*）作者瑞克赫爾德（Frederick Reichheld）的看法，他相信忠誠是驅動財務成長的燃料。根據針對線上新創公司到基礎穩固大公司所做的密集研究，例如哈雷機車（Harley-Davidson）、企業租車（Enterprise Rent-A-Car）、思科（Cisco Systems）、戴爾（Dell Computer）、直覺（Intuit）等公司，瑞克赫爾德揭露了六項企業賴以創立永續事業的根本忠誠法則。

一、**創造雙贏：**永遠不要靠犧牲夥伴而獲利。

二、**精挑細選：**會員資格必須是特權。

三、**保持簡單：**降低複雜度，以增進速度和彈性。
四、**獎賞績優表現：**有價值的夥伴值得你訂出有價值的目標。
五、**仔細傾聽，有話直說：**堅持誠實的雙向溝通和學習。
六、**宣揚你的作法：**解釋你的原則，然後努力實踐。

還有比這些更簡單的嗎？

前IBM董事長艾克斯（John Akers）如此說明忠誠：「我們都聽過短視的生意人引述隆巴迪的話：『贏不是最重要的事；而是唯一重要的事。』這確實是激勵團隊的精彩引述，但就一種整體觀哲學（overarching philosophy）來說，這根本是胡扯。我比較喜歡隆巴迪的另一句引言。有一次他說，他期待他的球員具備三種忠誠：對上帝、對家庭，和對綠灣包裝工隊（Green Bay Packers），而且就按照這樣的優先順序。」

麥凱箴言

員工應該被鼓勵問問題，但應該永遠沒必要質疑你的忠誠。

5

尋找良師

老實說，不是每個人都像班尼斯特、威法德或愛因斯坦……而且，我們不一定要一馬當先。就像一位知名政治家所言：「身先士卒會招來所有的攻擊。」

譬如說，在餐飲業，你絕不會想成爲第一個在當地開業的業者。通常一個店面或地段必須轉手三、四次後，才會出現餐廳、地點與市場之間的絕佳組合。

箇中訣竅就在既受惠於班尼斯特，卻又不必引來攻擊。繼班尼斯特之後四分鐘內跑完一英里的人，他們能夠成功一大部分要歸功於有班尼斯特當榜樣，證明自己可以達到目標。有班尼斯特在前，其他人就能激勵自己，有爲者亦若是。

明尼亞波利斯湖人隊的「袋鼠小子」（Kangaroo Kid）波拉德（Jim Pollard）——在球隊搬到洛杉磯前——一直是我的偶像，從他如何綁鞋帶到單手抱住反彈球，甚至跑步的姿勢，都是我仿效的對象。我到今日還是維持那樣的跑步姿勢，雖然速度慢了些。

我在明尼蘇達大學唸書時，杜奇（Harold Deutsch）擔任我的指導教授是我人生的一個重大轉捩點。我修習杜奇教授的二次世界大戰史課程，他是詮釋紐倫堡大審的權威之一。說他的講課讓歷史鮮活重現猶嫌委婉，他不是在教歷史，而是歷史的一部分。那門課每週二和週四上課，學生都會提早到，因爲來晚了只能站著聽課。他上課從無冷場。杜奇教授是我的神奇導師，讓我了解每個人在人生中有一位良師是多麼重要。

杜奇教授和我在明尼蘇達大學的高爾夫球教練波爾斯塔德（Les Bolstad），都教導我如何保持專注，和設定務實的目標。他們也教導我說服、領導和觀想的藝術。

誰（或什麼事）能激勵你？如果你在思考爲什麼你是你現在的樣子，那麼有很大一部分原因可能是來自於你嘗試學習某個你景仰的人的結果。你觀察並效法對方的獨特風格。有時候，爲了贏得對方的讚許，你把那個人的生活方式當成樣板來生活。你不會只因爲十四歲時發現父母並不完美，而「賽門與葛芬柯」（Simon and Garfunkel）是對的：迪馬喬（Joe DiMaggio）已經走了，而且再也不會回來，就變得一輩子都憤世嫉俗（萬一你不記得誰是賽門與葛芬柯，別擔心，有一天他們也不會回來了）。

我們永遠都需要榜樣。

直到他們自己也變成了眾人的偶像良久，各行各業的超級巨星仍不斷緊盯著自己的偶像。他們研究自己的偶像，效法他們，與他們競爭，嘗試超越他們。這個過程不會隨著童年結束而終結，他們永遠驅策自己接受新的挑戰。他們超越昔日的偶像，然後找到新的榜樣。他們超越自己，然後設定新的目標。還有什麼比嘗試模仿自己的偶像能更好地衡量自己、滿意自己，和成就目標呢？

麥凱箴言

從鏡子看自己，如果你喜歡你所看到的，那麼就在你人生的每個早晨攫住這種積極的能量。

6

練習方法正確就不會出錯

練習造就完美。不對，你必須加上幾個字——完美的練習造就完美。

但願這句話是我創造的，可惜不是。這是隆巴迪的名言。當你一遍遍練習某件事，如果你不知道自己在做什麼，你只是在造就一個完美的錯誤，你在爲自己能做到多好設限。

例如，一位高爾夫選手可以一週打七天球，他可以一週練習七天，但如果他不知道自己在做什麼，他在做的其實是造就一個完美的錯誤——每週七天都如此。

我學過俄文、中文、日文和阿拉伯文，老實說，有人認爲我是個很厲害的語言高手。其實，我比跟我同時開始上課的大多數人都學得慢，但我們有一個顯著的不同，我把課程上完，而他們沒有。

一個很重要的差別在於你學到了什麼，而不是你學得有多快。

學日文可能得花兩百個小時，俄文要花三百個小時，中文四百個小時，但那個最後突破性的進步總會發生。

這有點像切石頭工人用槌子敲打岩石，也許敲一百次都無法敲出一個缺口，但在敲第一百零一下時岩石卻裂成兩塊。我知道不是那一敲把岩石擊裂，而是之前的所有敲擊共同發揮了效用。如果你不願意練習——練習到你開竅——你就不會敲那一百下，而讓第一百零一下終於能夠突破。

上述道理的絕佳例子是下面這則故事。我兒子大衛和我爲了即將到日本住上四個星期，我們一起到伯利茲語言學校上日文課。當時他還是史丹佛大學的學生，正值學習曲線的高峰。我則已經過了學習的高峰期，學習速度稱不上快。不過，這並不重要，因爲我能堅持到底。上課兩週後，大衛的學習進度來到課本的第七十五頁，我只來到了第三十頁。等課程結束時，他學到的東西大約比我多了三五%，因爲他速度快而且有顆年輕的腦袋。爲了彌補這一點，我必須再花三週時間學習才趕得上他。所以你看到了，我們最終都學到了同樣多的日文詞彙，只是我付出的代價高些。

看看那些偉大的運動家和音樂家，在超級盃或卡內基廳（Carnegie Hall）裡沒有等閒之輩，在企業的董事會裡也沒有。這些崇高的地方反映的不只是卓越的才能，還有兩項登峰造極所不可或缺的東西——決心與專家指導。

在我一生中，有無數人教導我、協助我把擁有的天賦和潛能發揮出來。我受過專家指導的項目有：

・公開講演。
・寫作。
・構思／創意。
・電腦／社群媒體。
・外國語文。
・馬拉松賽跑。
・高爾夫（包括推桿）。
・滑水和滑降滑雪。
・游泳。
・跳舞（感謝我的妻子卡蘿）。
・乒乓球。
・保齡球。
・拳擊。
・浮潛。
・溜冰。
・籃球。
・排球……還有許多、許多別的活動。

不管你做什麼，只要持續學習不輟，就能益加精進。我絕對還稱不上精通製造信封、銷售信封和研發信封的藝術。

一旦我說服自己我已學會該學的一切，可以鬆懈下來了，我的競爭對手會馬上一拳打在我頭上，將我擊倒在路旁。企業史上俯拾可見類似教訓。許多公司自認已經登峰造極，可以坐享基業的成果，不必再改進產品或服務。然而，沒有多久他們會驚訝地發現，自己的市場竟然消失得如此迅速。

把這個教訓運用到你的事業上。你雇用的員工必須有顆願意不斷學習的心，而且相信學習是個終身過程，不論是在辦公室或在家庭裡。讓他們了解你希望他們能夠成長——你的事業也才會跟著成長。

共產主義在二十世紀初崩潰瓦解後不久，我到莫斯科展開七天的巡迴演講。我一輩子也忘不了看到的一則求才廣告啟事，上面寫著：「徵求沒有經驗者！」換句話說，他們不要有任何不良工作習慣的人。他們要「新鮮的」員工，以施予正確的訓練。

麥凱箴言

世界就是一個舞台，我們大多數人都需要更多排演。

幸運餅乾——練習

- 不管醫師已經治療病患多久，他仍然在「練習」（practice，也翻成「執業」）。
- 理論或許能增進人們的希望，但練習能提高他們的收入。
- 有備而來的人已經贏得一半的戰鬥。
- 一品脫汗水可以節省一加侖血。

——巴頓將軍（George Patton）

- 贏家認清自己的天賦，並竭盡所能將它們發展成為自己的一技之長，然後運用這些技能達成自己的目標。

——大鳥博德（Larry Bird）

- 準備是成功的祕訣，其重要性超過任何其他東西。

  ——福特（Henry Ford）

- 業餘者練習直到改正過來；專業者則練習直到他們不可能出錯。

- 人人都想進入冠軍團隊，但沒有人想來練習。

  ——奈特（Bobby Knight）

- 未能做好準備就是準備失敗。

  ——伍登（John Wooden）

- 好，更好，最好；從好變成更好，更好變成最好前，絕不休息。

7

向傳奇學習

在麥凱密契爾信封公司，我們剛慶祝完五十週年慶。我們能經營這麼久，有部分要歸功於我們擁有十分傑出的銷售團隊。他們都是A⁺的學生，但有一位是眞正的銷售榮譽博士。

哈利．高法伯（Harry Goldfarb）在年紀輕輕只有二十五歲時便決定以推銷信封爲業，五十五年後他還在這一行。我們很幸運，他一直留在我們的團隊中直到過世。我可不願意讓他爲競爭對手工作。

當年我買下這家瀕臨破產邊緣的公司時，哈利便跟著辦公家具一塊過來。我早就丟掉了那些家具，但公司卻少不了哈利。他在八十高齡過世，但實際年齡只有二十一歲不到，而且退休不在他的字典裡。哈利會告訴你，如果不用它，你就會失去它。

那麼，究竟是什麼樣的性格讓他與眾不同？他是渴望成功的鬥士典範，他是競爭者，視第二爲最後。然而，他以獨樹一幟的低調方式，成爲家人、客戶和公司同儕的榜樣。簡言之，每個人都愛哈利。如果哈利遇見一百個人，所有一百個人都不會喜歡他——他們會愛他！他能讓人一見就信服。

神奇的是，這些形容他的話可以形容八十歲時的哈利、七十五歲時的哈利，還有二十五歲時的哈利。

總之，你不難想像他的樣子。

哈利在他五十五年的銷售生涯中，連〇．一%都沒改變。至少，在他的同儕或客戶眼中是如此。

他是怎麼辦到的？

誠懇、頑固的堅持、狂熱地注意細節、幽默感和笑口常開。他了解敵人（我們的競爭對手），而且徹底了解信封事業。他是明尼亞波利／聖保羅信封業界名副其實的泰斗。你或能搶走他的一張訂單，但你絕對搶不走他的客戶。爲什麼？因爲他永遠、永遠、永遠不放棄。

記住，當哈利剛入行時，寄一封信只要花二美分。信封的面貌和今日沒有多大差別，更沒有來自傳眞機或電子郵件的競爭，而且人們眞的會寫信。

哈利當然記得那段美好的往日時光，但他不會沉緬於過去。他提供周到的老式服務，而且他發現隨著時代和科技的改變，服務仍然是維繫生意不流失的黏合劑。

這就是我所知道的不屈不撓哈利精神，也是今日許多選擇以銷售爲業的人所欠缺的。

哈利過世後不久，我打電話給哈利的一位客戶，我問她：「爲什麼你們幾十年來一直跟哈利來往？我知道至少有三十五年以上。」

她毫不考慮就回答：「理由很簡單啊，因爲哈利是最棒的！多年來，他都親自把信封從他的汽車搬進我們辦公室……在你們沒有庫存時，還向你們的競爭對手購買信封來滿足我們……有一次，某個星期六還打開你們的工廠取一批限時郵件……而且，他每次到我們辦公室拜訪，總是掛著他那價値百萬美元的笑容。」

我們實在無法不崇拜哈利，到現在還是如此。

我很榮幸在他的葬禮上致詞說：「當上帝製造哈利時，祂那天沒有做任何別的事情。他是我認識最強悍、但卻最平易近人的鬥牛犬。」

麥凱箴言

如果你的店裡有一位哈利，好好珍惜。他們知道怎麼照顧生意。

8

銷售自己

三種東西最難銷售：公司、產品和自己。

一位新進業務員接手一位被開除業務員的地盤，他拜訪XYZ公司的執行長，那位執行長開門見山對他說：「讓我們把話說清楚，我不喜歡你的公司，我不喜歡你的產品，而且我也不喜歡你。出去的時候，小心別撞到門。」

那位新人業務員對這位執行長微笑說：「哇，我眞希望有一百個像妳這樣的潛在客戶！」

執行長看著他說：「也許你沒聽清楚。我說我不喜歡你的公司，我不喜歡你的產品，我也不喜歡你。現在，我要你離開這裡。」

那位業務員說：「是的，我了解，但我還是希望有一百個像妳這樣的潛在客戶。」

執行長不敢置信地看著他說：「我大概錯過了什麼笑話。爲什麼你希望有一百個像我這樣的潛在客戶？」

那位業務員回答：「因爲我有五百個。」

從事銷售工作，你會有好日子，也會有壞日子。祕訣在於每天早上說服自己相信，今天一定是好日子。

有一百個不喜歡你、你的公司和產品的人，可能讓你每天一開始就備感艱辛，但這正是贏家脫穎而出的原因——克服各種大小障礙，邁向顚峰。

但是，任何勇於接受挑戰的業務員都必須認眞看待潛在客戶提出的反對意見。問題出在公司嗎？是交貨誤時？或是貨品不對嗎？價格一直是問題嗎？有提供保證而且確實履行嗎？你的主管支持你給客戶額外的小惠嗎？你的公司擁有良好聲譽可以讓客戶願意長期與你往來嗎？

如果你在回答這些基本問題時很難讓自己滿意，你的客戶就會請你出去——而你應該馬上出去，而且另覓值得你爲其效力的公司。

你銷售的產品呢？不錯？很棒？是最好的？可靠？需求殷切？太便宜或太貴？奇怪的顏色、形狀、大小？能把冰推銷給愛斯基摩人的老掉牙說法，已不再適用於今日必須每天取悅客戶的業務員，他們銷售的產品遲早會不再符合需求。如果你眞的想靠銷售賺錢，就必須有客戶想要的一流產品，就是這麼簡單。你的公司和你的產品都很容易改變，因此決定你是不是天生的銷售好手，關鍵就在於你自己。

最棘手的問題是：你的（潛在）客戶不喜歡你的原因究竟是什麼？你可以聚集幾個好朋友，試試你的推銷詞、展示你的產品，使用你最好的話術。這些人都是喜歡你的人，很可能他們會告訴你，你做得很好。我向來認爲，人們會向喜歡的人購買東西。

反之，也成立。想想這則故事：兩個業務員一起走在街上，一個對另一個說：「你看到了對街那個渾球嗎？」另一個業務員回答：「有啊，他們也不跟我買！」

如果你眞的很想要提升自己，你必須回頭再拜訪曾經對你說「不」的人。必要的話用懇求的，但務必要請他們撥冗幾分鐘寶貴時間，好讓你知道自己在什麼地方搞砸了。先詢問對方對你的公司和產品的看法，並記下他們的任何反對意見。

然後，轉移到你的銷售方法。如果他們不願意批評你，不妨給他們幾個線索：

- 是我太自大了？
- 是我太咄咄逼人？
- 太謙卑？
- 面目可憎？
- 我有沒有傾聽你的需求？

‧我浪費了你的時間？
‧我有先做功課嗎？
‧我應該找別人談？
‧你對供應商有什麼期待？
‧幾個月後，我能再拜訪你嗎？
‧你不願意跟我的公司或我做生意有別的原因嗎？

注意對方的回答。即使你永遠無法從難纏客戶身上得到一毛錢生意，也會得到更有價值的資訊。我稱之爲一種持續、立即、未過濾的回饋。記住它們，但更重要的是運用它們。

麥凱箴言

你無法指揮風，但你絕對可以調轉船帆。

9

恰如其分的形象

蓋兒・麥迪遜（Gail Madison）是一位禮儀顧問，熟知印象心理學的一切知識。著名的華頓商學院（Wharton School）的畢業生從她的智慧中獲益良多，以下是我們談論在今日銷售界最受重視的銷售禮儀問題。

Q 蓋兒，妳大大提高了大家對銷售心理學的重視程度，能不能分享一、兩個初次銷售會面時的祕訣？

當你在潛在客戶的辦公室時，千萬別動任何東西。別把你的資料攤在他們桌上，或是移動已經在桌上的東西。要表現尊重，別侵犯別人的空間。

Q 在銷售會談中，業務員的心思都放在成交上。妳也強調在這個過程中「結束談話」

（conversational closures）的重要性，這指的是什麼？

你可以評論一張照片，但這會開啟一段談話，而你必須結束你開啟的談話。如果你問：「這照片裡是你的家人嗎？」你就必須以一些肯定的評論結束這句詢問。

想像這樣一幅畫面，你的朋友來家裡作客，然後問道：「你最近正在裝修家裡？」你回答說是，但是他們卻不發一語，你會怎麼想？他們不選擇附和，已清楚地表達了他們對於你的設計或修繕成果的看法。

Q 一個好問題可以激起潛在客戶熱烈的反應，但許多業務員不知道該怎麼處理這種狀況。不懂人情世故或缺乏經驗，讓他們以否定自我的態度看待自己的問題，他們只顧照著擬好的步調進行。

在做簡報時傾聽極其重要。當你問一個問題，或做一段說明後，如果對方有話要說，要讓他們一吐爲快！

除了偶爾一、兩句「我了解」、「我明白」這類認同性的用詞之外，千萬別打岔。要專注、點頭，還有目光接觸。還要記下你待會兒想說的重點。

讓他們說得愈久，你對他們和他們的需求就了解得愈多。人被情緒和虛榮心所驅策，許多年輕業務員覺得一聽到客戶的反對意見，就一定要馬上解決。

讓客戶抱著球跑。如果你把注意力和精力花在想方設法主導談話上，會讓你錯失許多東西。

Q 妳是說：別弄錯了自己問題的目的。別專注於潛在客戶是否正確回答你的問題。更廣義地說，問題只是蒐集、定位資訊的工具？

沒錯。如果你聽任別人表達夠久的時間，人們確實會流露自己的本色。你會確知下一步該怎麼做。

Q 展現傾聽的能力本身就很重要。它可能是決定你是否爭取得到生意的最重要因素。還有其他可以讓談話順暢無礙進行的祕訣嗎？

業務員往往以爲自己已經把該說的話都說了，但實際上卻什麼都沒說。許多人以爲他們已經提出了心中的某個顧慮，但他們只是想而未說。除了聽別人說話，也要留心傾聽自己的談話。

另一項絕對別做的事：千萬不要問輕易就能從對方公司網站查到的問題。

Q 因為你不但展現了自己的無知，也證明了你的懶惰。事前研究仍然能帶給你優勢，因為那還未成為一種常態，但是不久以後就會蔚然成風。瀏覽公司網站也展現了一種心態，人們會認為，這種事前準備代表細心的服務。

讓我們把話題從會談轉到服裝上。有些年輕人以為，資訊科技和高科技公司銷售部門的衣著標準，和軟體開發人員一樣輕鬆、自由，實際上，並非如此。即使在最講求創意和不拘小節的公司，業務員都必須遵守不同的穿衣規範，對吧？

在華頓商學院，有許多學生到高科技大公司求職面談。資訊科技部門的人可能穿著T恤和牛仔褲，但銷售部門的人卻是西裝革履打領帶。即使應徵同一家公司不同的工作，成功的求職者會針對不同部門變裝。這個過程可能很好笑，甚至要到更衣室換好幾次衣服！

如果你是業務員，必須注意穿著問題。西裝仍然是權威的象徵。統計數據一面倒地證明，老師會給穿著較正式的學生較高分數。員工會爲穿著西裝的雇主效力更久，也更賣命。

Q 妳每天與剛踏入銷售工作和管理職務的、前途無量年輕人互動，妳從今日的環境看到哪些挑戰？

我近來與一位年輕的高科技業天才共事，我雖然還沒有讓他做到穿西裝的地步，但至少他現在穿著運動外套，會內搭襯衫、打領帶，不同於以往，而且也愈來愈習慣新的自己。奇怪的是，他一直都很愛打扮，再加上他走路有軍人的威儀，所以看起來有點像詹姆士．龐德（James Bond），很帥氣。

Q 在這個標準很難界定的時代，年輕女性特別難決定適合的穿著，對嗎？

我最近看到一位年輕女士做銷售簡報。她很努力想要表達清楚，但她的外表卻像沒有整理的床。她的髮型像《阿達一族》（*Addams Family*）裡的魔帝女（Morticia），她還穿了一件褲管一直捲上腿部的難看褲子。

這只是問題之一，當衣著規範不明確時，女性的處境比男性更爲難，有些女性眞的會穿不合宜的衣服。我們更習慣於把女性的衣著和性格聯想在一起。太緊的衣服或太高的高跟鞋，往往會帶給年輕女性（與其職業生涯）麻煩。

Q 浮誇的衣服和過度招搖的個人風格，在今日的銷售圈還看得到嗎？

聚酯纖維、條紋襯衫，還有花俏的領帶，在七〇年代就已絕跡，愛默森（Ralph Waldo Emerson）充滿智慧的話語仍然値得銘記在心：「你說話如此大聲，我聽不到你說什麼。」

美術館的牆壁漆成白色是有原因的，因爲你的目的是展示美術品。展現生意興隆和生活格調的道具也很重要：閃亮的鞋子、口袋或皮包中的高級筆、精緻的公事包，這些都突顯了主人的品味和成就。注重衣著展現你是單打高手，也是團隊高手。

Q 歷經時間考驗的道理仍然適用：外表與獲得別人的尊敬和個人自信有關係。如果業務員從別人身上學到更多這方面的事情，他們會更容易看到他們擁有自我改進的潛力。妳和我一樣都很惋惜許多人在公司大廳等候會面時，浪費了觀察的大好時間與觀察力。

這也適用於等候見潛在客戶的業務員，和等著上場接受求職面試的人。要觀察衣著要求，尤其是領導階層的穿著。接待區是穿著的實驗室，你可以觀察公司主管們都是怎麼穿衣服的。

Q 用餐的禮節呢？銷售有一套用餐心理學，其重要性絲毫不亞於菜單與氣氛。妳認為哪些禮節最重要？

提早安排用餐環境。你必須主導和選擇用餐的地點，但要預先打聽並尊重客戶的喜好。要確定你們有一張很棒的餐桌。如果你不認識餐廳領班或其他人，要事先招呼他們做特別的準備，例如搬動餐桌的位置。

潛在客戶或客戶應該坐在最佳位子，往外眺望可以看到整個餐廳。還有，別誤信傳統的說法，讓客戶面對業務員或牆壁以控制客戶的注意力，這是粗魯無禮的作法。

殷勤招呼的服務人員可以充分顯示你的個人權威和魅力。必須讓客人感覺有面子，而且受到親切的招待。要創造這種感覺可能需要一些時間和研究，但這是值得的投資。還有，讓客人走在你的前面。總而言之：展現恭敬的態度。

Q 在餐廳會面的想像「時間表」中，什麼時候該提到生意？

就原則來說，見面後三十分鐘。不過，現實世界的時間表可能完全不一樣。如果你們彼此都知道會面的目的，也已經建立起交情，就可以直接切入主題：「既然我們時間都有限，是不是可以現在就直接進入正題呢？」

Q 就是這樣，宣布時間管理的決定，然後往前進。有些人會帶他們的 iPad 或宣傳小冊，或一疊文件到餐桌上。如果非用到紙不可，頂多只用一張摘要用的紙。

我同意。什麼都不帶最好。會面結束後，用電子郵件或一封信展開後續處理作業。專注在討論上。像這類道具會讓餐桌亂成一團。

Q 謝天謝地！不會有宣傳小冊壓在奶油上，不管你對準備的資料多麼自豪。午餐或晚餐後的後續處理呢？我的同事們仍然採用一封短信的標準作法。

一封信或電子郵件都可以。就保持這種長度。電子郵件的標準作法要特別注意：別寫冗長的電子郵件訊息，因為沒有人會看。要放在附件裡，而且要寫得清楚明瞭。現在的人不僅注意力較短暫，要求也更多。最後，別害怕打電話，這也許是能讓你們雙方溝通清楚的最佳保證。

Q 業務員發出的社交訊息中，有哪些會顯示出業務員急於想爭取生意？

最不愉快的事莫過於業務員緊迫盯人，急著想遞名片和資料給你。

最具自毀威力的銷售行為，就是管理拙劣的談話。過度積極的業務員會打斷別人，不斷嘗試主導談話。如果客戶或潛在客戶嘗試改變對話的方向，笨拙的業務員會展開口語的角力比賽。咄咄逼人的業務員不斷想操縱話題回到他們想談的內容上，他們對能提供客戶想要的東西太過自信了。但另一方面，他們又完全不了解客戶。

Q 如何在辦公室接待客戶或潛在客戶？

就像在家中招待賓客一樣招待他們。當個親切的主人，招待他們喝咖啡或茶（或開水），還有食物。這些動作傳達出：「我很高興您的大駕光臨。」這很重要。即使他們謝絕了你的招待，至少你展現出了你對他們的蒞臨，以及如何讓他們感到自在設想周到，這能帶來加分。

Q 年長業務員的虛榮和偏見有時候很難克服。假設有個業務員前去拜訪一位剛好是科技迷的年輕客戶或潛在客戶。在整個談話過程中，這位目標客戶一直心有旁騖，不斷分心注意他的筆記型電腦或智慧型手機。當業務員不斷被貶抑為次要的注意對象時，他該怎麼做？

別把這種行為當作是針對個人。今日的年輕人——他們當中有些非常成功，而且深具影響力——早就很習慣一心多用在這一類科技操作事務上，他們很擅長這種事。他們並非針對你個人，他們一面在聽你說話也說不定。只不過年紀較長的人很難相信這是事實。只管繼續下去，視而不見就對了。

我吃了不少苦頭才學會這一點。在一次銷售簡報中，我受夠了聽眾中有人不斷按手機鍵盤。我要求她在我說話時停止傳簡訊。她解釋說自己在做筆記，旁邊的人都知道這是怎麼一回事，只有我不知道。我很謙虛地說：「哈，我實在是老摳摳了，我連你們會這麼做都不知道。」我滿臉愧色，而且活該如此。

Q 另一個過時的老式業務員陷阱：拍背套交情、說粗魯的笑話。從交際和社群感知（social awareness）的觀點來看，幽默感如何應用在今日的社交工具中？

幽默感眞的很重要，但你必須以正確的語言駕御它。除非你是高收入的滑稽秀演員，否則我不確定說笑話是讓人賞識你幽默感的好方法。

現在的人很難認識他們的聽眾，而且人們的同質性也比以往低。例如，你可能對特定的政治人物有強烈的看法，並且自動假設全世界的人看法都和你一致，但別太有把握。

Q 這就像穿針一樣，你對面的人可能正在打量你，心裡暗暗想著：這個人為了一點小報償而冒不必要的風險。

沒錯，你的聽眾可能很不高興地想著：「你好大膽，你根本不知道我的政治或宗教觀點是什麼。」

我們都看過有些人在婚宴上忘形地乾杯暢飲，但其他賓客卻皺著眉頭或大搖其頭。你必須夠老練、睿智和充滿自信，才能成功地展現幽默。

自我解嘲的幽默感尤其值得一提。男性可以展現這種幽默感，但對著男性貶抑自己的女性，往往會讓男性信以爲眞。男人會想：她說的可能是眞的。反之，男性可以反覆自嘲展現幽默，但大家不會把它們當眞。

Q 如果笑話變得愈來愈危險，那麼精彩的故事和軼聞是不是愈來愈重要？

當然。節日是年輕人蒐集故事的大好時機。老一輩的人似乎更有說故事的天分。能夠說一口好故事及善於引用故事是一種天賦，人們願意花大錢就只是爲了和精於說雋永故事的人共處。

故事是業務員的利器，可以展現公司作爲一個團隊如何充分支援客戶的目標，或是克服艱困的情勢。

麥凱箴言

只要學會如何留給人們深刻的印象，你就能成功。

10

LinkedIn與臉書：新的握手法

你想過把自己當作研究對象嗎？

如果你以銷售為業，我向你保證：你是別人的家庭作業。

如果他們是潛在客戶，很可能你是他們的研究對象；如果他們是客戶，幾乎可以確定就是如此。

人們會向信任和喜歡的人買東西。人們會向具有共同價值觀和興趣的人買東西，也會向具有共同人際網絡與職業關係的人購買。他們不會只憑網路上的可疑介紹，向來路不明的人買東西。現在要找到「這個人到底是誰？」的答案實在是太容易了，而且相信我，任何人都能很快找到。

谷歌（Google）、LinkedIn和臉書（Facebook）是全世界網路搜尋的第一站。

LinkedIn的使用者一般是商務專業人士，他們在LinkedIn建立自己的虛擬商業網絡。許多人視臉書爲個人社群網站，但以臉書當作商務工具的風潮正快速普及。爲什麼？因爲它揭露了一些想法天真的人以爲可以隱藏的個人訊息。

許多人以爲，他們在LinkedIn和臉書上張貼的是私人資訊：「不是只有被我邀請加入好友的人，才能搜尋、觀看我的個人資訊嗎？」他們完全錯了。你說你已字斟句琢過張貼在臉書的內容？這也只對了一半。別人對你的批評和看法呢？

SBR全球公司總裁兼ActiFi公司資深副總裁暨行銷長山姆．芮契特（Sam Richter），經常跟我談及最熱門的網際網路趨勢。他是美國利用網路進行銷售準備與獲取銷售情報的權威。山姆的「了解更多！」（Know More!）訓練計畫教導全球各國的企業主管如何尋找資訊，以及如何將搜尋到的資訊應用在銷售、商務發展與客戶管理上，以取得優勢。他創造了一些免費的線上工具，可以協助你以超乎想像的方式尋找線上資訊，請上網站：www.knowmorecenter.com瀏覽。

我怎麼知道山姆的方法管用？因爲我們一起在全美各地演講，同時我們公司也使用他的系統。所以，我現在要告訴你的是山姆的網路世界。

LinkedIn對業務員來說是是世界上最強大的研究工具，在協助尋找企業主管資訊上，甚至比Google更有用。LinkedIn有數千萬名企業主管會員，而且每天都有新會員加入。了解LinkedIn的威力，對你的生意及個人成功極其重要。

LinkedIn幫助你建立一個企業主管的虛擬網絡：

- 認識你的人（你的第一層關係）；
- 以及認識「認識你的人」的人構成的網絡（你的第二層關係）；
- 以及認識「認識『認識你的人』的人」的人構成的網絡（你的第三層關係）。

多層次網絡可能像停不下來的雪球，一旦你上網登錄加入會員，你便開始邀請人進入你的網絡。隨著人們接受你的邀請，你也接受他們的邀請，以致每個人的網絡都彼此相通。

在山姆備受好評的書籍和教育課程中（www.samrichter.com），他詳細解說如何利用LinkedIn：

- 把LinkedIn當作情報蒐集工具，用來建立合格的線索清單；
- 用來研究潛在客戶和既有客戶，發掘他們的商務關係；以及
- 在拜訪公司前先上LinkedIn做研究。

還有一些祕訣是，如何併用LinkedIn和谷歌以蒐集主管資訊，即使你跟這些主管沒有任何關係。

聰明的業務員會在銷售拜訪前，利用LinkedIn研究公司的聯絡人或公司本身。有了LinkedIn的行動應用程式——可免費取得——你可以很機動地在會談前幾分鐘做些研究。換句話說，你也沒有任何藉口不做研究。

山姆提供了一些很棒的建議，利用LinkedIn作爲資訊蒐集工具，包括：

・利用LinkedIn的人名搜尋引擎，尋找個人的資料網頁，在會談前做些相關研究。檢視他們的工作背景、學歷，並專注在你們有哪些共同人脈。

・看看有沒有人推薦你所尋找的人，以及他們對這個人的評價。那些推薦看起來是否眞實可信？夠不夠詳細？基本原則是：推薦內容愈具體，愈可信。

・利用LinkedIn的進階搜尋功能，來尋找符合特定條件的人，例如特定公司、特定職銜、特定產業、住在特定地區，或任何這些選項的組合。你甚至可以用關鍵字搜尋資料，確認某人是否具備特定領域的專長。

・利用LinkedIn的公司搜尋功能，來尋找公司資料。爲什麼這很重要？你可以在很短時間內對這家公司雇用哪一類人，有個大概了解。山姆指出，這對銷售保險或金融服務可以帶來眞正的優勢。

・整合你的部落格、推特（Twitter）、簡報資料、影片和其他你引以爲傲的數位資料，放在LinkedIn的個人簡介中，讓潛在客戶很容易看到你的工作成效。

．加入LinkedIn群組，參與其中的討論。別推銷自己或你的公司，只要提供資訊性的回答，以突顯你的專長。

．搜尋LinkedIn使用者張貼的問題，在LinkedIn的問答區裡回答問題。同樣，依然提供資訊性的回答，不要促銷自己。人們最後總會發現到你。

比LinkedIn還受歡迎的是臉書。臉書是現在網際網路上最受歡迎的網站，臉書上每個月的搜尋量甚至比谷歌還多。

在網路上張貼任何內容之前，先問自己：「如果這些內容出現在明日的報紙頭版，我會有什麼反應？」

LinkedIn向來是一個商務網絡網站，臉書則是一個純社交網站，大多數人主要用它來聯絡朋友。不過，許多公司現在在臉書上也有粉絲專頁，而且愈來愈多公司透過臉書研究他們的供應商、業務人員和生意夥伴。這個人在臉書上的職業資訊是否透露了個人活動的歷史紀錄？

山姆建議個人的臉書網絡要「嚴格把關！」，只邀請並接受真正的朋友加入。務必仔細檢查你的臉書隱私設定，並保持「鎖上」，以確保只有你的臉書朋友可以看到這些資訊、貼文和照片。

即使如此，在張貼任何內容於臉書前，還是要三思而行。永遠記住：在你的好友圈以外的人仍有可能找到你的資訊。你是否眞的願意讓潛在商務夥伴看到你的政治理念、知道你今天早餐吃什麼，或看到你在國慶日派對上穿著紅色泳衣的照片？

如果想建立商務網絡，可以透過臉書的粉絲專頁來聯絡潛在客戶與客戶。粉絲專頁通常是由公司的行銷部門負責建立和管理。如果你們是小企業，行銷自己來，你自己就可以很輕易地建立一個粉絲專頁。你的公司可能吸引無數商務粉絲按「讚」。

非個人網站已讓銷售的藝術和科學變得更加個人化。引述山姆的話：「好消息是，你可以控制訊息。」

麥凱箴言

科技讓全球資訊網變成可能；心理學則讓全球資訊網變得具有影響力。

快課一分鐘 3

終極大改裝

在網路上google你自己。如果你的名字很普通，可能需要加幾個線索，例如：公司名稱、居住的城市或畢業的大學。

如果你只找到自己穿著罩袍猛灌啤酒的照片，或在臉書上抽水煙槍，你的麻煩可大了。如果你只找到自己三年前名列教會復活節崇拜的唱詩班名單，和你去年春季目睹一場車禍，那麼你跟大多數美國人沒有什麼不同。

但是，你可以改變這種情況。人們想要和獲得網路認證的人做生意。

・建立清晰、正面的LinkedIn個人網頁。你可以透過受邀加入LinkedIn，或自行建立帳戶。找尋你有興趣的群組加入，並徵詢版主參與討論。

・投稿文章到刊物。不一定是商業文章，也許是討論社區計畫，或在某個場合回憶一位難忘的教練。寫一些有意義的內容，展現你具備良好的品味和判斷力。

・發表談話並公開它。許多社群組織需要演講人，你也許有機會把演講張貼在他們的網站上。我認識一位母親，她二十多歲的兒子加入救援組織，協助二〇一〇年海地大地震的災民，儘管她剛開始對兒子的安危十分擔心，但是這次的經驗證明了對所有人都裨益良多。她細說自己的猶豫和理由，這確實不是很輕鬆的選擇，但她的演說透露了一位母親的坦承不諱和關切。

・用推特張貼有用的資訊。我認為，為推特創造吸引力的最佳方式是，推薦你認為對自己很有用的不錯網站和精彩文章。別假裝自己是大明星。你可以發推文介紹在諾瓦斯科（Nova Scotia）野營的樂趣，或整理垃圾的方法。

11

磨利你的最佳賣點

我的上一本書《好工作就是這樣找的：沒有人告訴你的求職祕訣》是一本專門協助人們求職成功的著作，各行各業都適用。如果你正在找銷售工作，書中一些原則值得拿出來重申。

一、**展現你的人際網絡。**皮鞋擦得發亮依然重要，但是傲人且交情匪淺的個人人際網絡，可能才是二十一世紀皮鞋上最眩目的亮光。

· 你的人際網絡成員是否是最新名單，而且與你的工作生涯定位相關？

· 當有人問起時，你能否很快聯絡上關鍵人物？

· 你是廣結善緣的人，或者你的人際網絡顯示你只與少數有銷售關係的夥伴往來？記住，深廣的人際網絡意味著可以輕易跨越部門，解決問題。

· 你是否定期接觸高素質的背書人和推薦人，好讓他們知道你的工作狀況和目標？

二、管理市場流言。業務員永遠要考慮一項在求職時影響可能最大的參考因素（不論它們是正面或負面）：市場流言。誠實地清楚解釋爲什麼你的公司失去一位重要客戶，以及你爲什麼丟掉飯碗。

三、展現韌性。新經濟要求從業者具備從重大挫敗中再站起來的能力。這對每個人都一樣，對業務員更是如此，因爲業務員必須展現韌性，這是眾所周知的事實。如果以淘金熱爲喻，由於最後一塊黃金已被淘走，你現在一定很洩氣。然而韌性就像創新，讓你永遠不愁最後一塊黃金的問題。任何一件新事物都會創造出兩個新疑問和兩個新機會。

四、沒有什麼風險比自我吹噓更嚴重。巴納姆（P. T. Barnum）以吹噓聞名，他說：「如果我瞄準太陽，我可能打中星星。」把這種本能從你的思想中沖走。現在的人再也無法忍受這種自我吹噓的言論，尤其是對履歷表上的自傳內容。今日，只要花片刻功夫就能找到一個人的所有相關資訊。

五、展現你的社群網站能力。LinkedIn 這類社群網站是未來銷售工作的新疆界。如果你還未積極參與這些重要的社群網站，如何能指望你可以說服潛在雇主，你在銷售他們的產品或服務時懂得利用這些社群網站？

六、顧及團隊合作而非個人地盤。在《好工作就是這樣找的》這本書裡，我引述了權威心理學家的研究，他們強調團隊合作在未來職場的重要性。講求團隊合作的組織更精簡也更有效率。

爲了慶祝我和妻子卡蘿的金婚紀念，我們一家人都很興奮，因爲我們決定展開一趟南非克魯格國家公園（Kruger National Park）攝影薩伐旅。在事前準備的幾個月中，我們仔細規劃每個細節，準備好好拍攝「五大」非洲野生動物：獅子、獵豹、犀牛、大象、南非大水牛。那其他像長頸鹿、河馬這些吸引人的野生動物呢？

我們安排了優先順序，並且拍攝了一些壯觀的鬣狗、黑斑羚照片，甚至拍到公園裡難得現蹤影的兩百隻獵豹中的兩隻。

我們帶回許多動物展現領域行爲的照片。非洲五大野生動物展現強烈的領域本能會令人意外嗎？許多五大野生動物的亞種已幾近滅絕會令人意外嗎？

業務員的情況也一樣。許多業務員嘗試展現他們的領域本能，以爲傑出的業務員應該張牙五爪護衛自己的地盤。

麥凱箴言

你必須學會現代業務員的心理技能，否則你會發現自己瀕臨滅絕。

快課一分鐘4

你不是強尼．戴普

你是否缺少安潔莉娜．裘莉（Angelina Jolie）清澈的藍眼睛，或梅莉．史翠普（Meryl Streep）面對鏡頭時的優雅？你也沒有喬治．克隆尼（George Clooney）的成熟世故，或丹尼爾．克雷格（Daniel Craig）結實的腹肌？

事實上，你不一定要成為第一名才能出人頭地。

吸引人注意你的長處，並且認清你在團隊中最能有所表現的職位，你就能發光發亮。

演員卡爾．馬登（Karl Malden）二〇〇九年過世時，《紐約時報》讚譽他是「不平凡的平凡人」（the uncommon everyman）。本名馬登．西庫洛維奇

（Mladen Sekulovich）的卡爾．馬登，經常與馬龍．白蘭度（Marlon Brando）和喬治．史考特（George C. Scott）一起領銜演出，由於長了一個出名的鼻子，他知道自己絕不可能當上第一男主角，但他發誓將盡一切努力「在我注定扮演的配角上成為第一人選」。

果然，在《岸上風雲》（*On the Waterfront*）和《巴頓將軍》（*Patton*）兩部電影裡，他是不作第二人想的最佳配角；此外，他還為美國運通銀行（American Express）拍攝了一系列極具說服力的代言廣告。

決定自己適合扮演什麼角色，然後讓角色發光發亮，這可能意味著：

- 你以可靠與穩健的見解而聞名。
- 在危機和動盪不安的時刻，仍保持處變不驚的判斷力。
- 當後勤作業癱瘓時，執行不可能的任務。

另一位銀幕上閃耀的配角詹姆斯．梅遜（James Mason）曾說：「如果後人記得我的話，我希望如何被記住？我想，也許就是：一個相當有魅力的性格演員吧！」當他被同業三度提名奧斯卡獎和金球獎時，好萊塢和影評人當然記得他。

12

滿招損，謙受益

在人類歷史上，從來沒有一個城市像好萊塢那樣浮華、自誇。儘管如此，我仍然是個電影迷，而且守著電視認眞而仔細地收看奧斯卡金像獎頒獎典禮。我如此興致勃發，主要是因爲我兒子大衛是好萊塢的電影導演兼製片人。

不過，奇怪的是，那些傑出的娛樂業名流血液中，竟然流淌著眞誠無僞的謙遜因子。那些長期廣受愛戴的明星，了解他們多麼依賴其他人的支持。

在二〇〇八年的奧斯卡頒獎典禮上，有兩段最令人難忘的致詞，分別來自最佳男主角西恩．潘（Sean Penn），和最佳女主角凱特．溫斯蕾（Kate Winslet）。

「我必須承認，」西恩．潘說道，「要做到讓人賞識我有多麼困難！」很少人說西恩．潘謙遜，但那一年說他謙遜簡直是太含蓄了！凱特．溫斯蕾的致詞坦率而誠實：「如果我說我從未排練過這段台詞，我就是在說謊。我大概從八歲起，就對著浴室裡的鏡子練習，手握著洗髮精瓶子。」她高舉手上的獎座。

以《貧民百萬富翁》（*Slumdog Millionaire*）贏得最佳導演的丹尼．鮑伊（Danny Boyle）走上舞台，開始又蹦又跳。那部電影原本只打算以DVD發行，他說他答應孩子如果贏得奧斯卡，他會以《小熊維尼》（*Winnie the Pooh*）裡跳跳虎手舞足蹈的方式領獎。永遠別忘了，得獎時刻也是你對那些曾經幫助你的人履行自己的承諾。

我對企業團體演講已經有數十年的時間，但我仍記得我的妻子卡蘿第一次聽我演講的樣子。我知道她會是最嚴厲的批評者，所以我很努力練習。我做了一次自認很棒的演講，許多人聽完演講後走過來向我道賀。在回家的車上，我轉向卡蘿問她：「甜心，妳認為今天全世界有多少偉大的演說家？」

她微笑著回答：「比你認為的少一個，親愛的！」

麥凱箴言

當別人讚美你時，聲音傳得更遠。

13 做自己

在二〇〇六年伍洛．韋爾森基金會（Woodrow Wilson Foundation）的一場晚宴上，我受邀當主持人，以下是我的開場白：

我問我太太卡蘿，這種場合適合說什麼話？她回答：

「你怎麼說都行，」

「就是不要太學術性，」

「不要太世故……或太迷人，」

「只要做你自己！」

聽眾報以熱烈掌聲，證實了卡蘿的建議多麼有智慧。

「做自己」說起來容易，做起來可不容易。對業務員來說，給人虛偽的感覺會成為工作生涯裡的致命傷。發掘真正的自己究竟是怎麼樣的一個人，然後竭盡所能使其嶄露光芒。

有兩個做自己的迷思，值得我們花精神去釐清：

一、只要我下定決心去做，就能喜歡每一個人。你辦不到，而且也不是每個你遇到的人都會喜歡你。在你遇到的人中，每當有人說：「這裡沒有陌生人，我們唯一沒遇見的就是朋友。」時，一定也會有人說：「有好籬笆才會有好鄰居。」你會碰到冷淡對你的人，也會有你不想認識的人，不管他們看起來多麼和善或是風度翩翩。睿智的業務員都知道友善和客氣與真正有默契間的差別。

二、彼此喜歡的人較易有共識。如果真是這樣，你可以拿起許多商業雜誌，找到兩個朋友合夥做生意，結果卻反目成仇的故事。好朋友之間知道只討論彼此意見一致的事，或者在意見不一致時，達成沒有共識的共識。美國參議員海契（Orrin Hatch）和已故的泰德・甘迺迪（Ted Knnedy）是好朋友，但你永遠聽不到他們在參議院的辯論中稱讚對方的政治信念。

誠如與勞倫斯・彼得（Laurence J. Peter）合著《彼得原理》（*Peter Principle*）的共同作者雷蒙・胡爾（Raymond Hull）說的：「削剪自己以適合每個人的人，也會很快把自己削剪殆盡。」

通往做自己的途逕是喜歡自己。我們很難信賴不喜歡自己的業務員。

麥凱箴言

王爾德（Oscar Wilde）說得對：「做自己。因為其他人都已經被佔了。」

14

信任不可或缺

做生意的人不必喜歡彼此；但他們必須信任彼此。在麥凱密契爾信封公司，我們不容許任何不誠實的談判和交易保證。

信封堪稱爲一種標準化商品，信封用的紙張、膠水和尺寸當然會改變，最後的成品可能被一百家公司複製，但是沒有人比得上我們數十年如一日的業務、產品和服務。我們的客戶知道我們言出必行，他們甚至偶爾會原諒我們誠實的錯誤，因爲他們知道我們絕對信守承諾。

我們不與不誠實的供應商做生意，因爲這最終會影響我們與客戶的交易，而我們不希望失去我們的客戶。如果我們徒增業務人員工作上的困難，銷售人力就不會久留。你能怪他們嗎？

道德顧慮並非在杞人憂天。每當你忍不住想降低品質標準，或敷衍交貨日期時，都可能會造成道德上的不良後果。

想像一個三年級小學生跑向父親，問道：「爹地，道德是什麼意思？」他父親告訴他去查字典。

幾分鐘後，小男孩回來說：「我查了字典，可是還是不知道它的意思。」父親說：「兒子，假設我們的乾洗店有一個客戶留了一張百元大鈔在他的西裝外套裡，我要不要告訴我的合夥人？這就是道德。」

有多少人覺得政治人物是誠實的？在國會聽證會上，你最近一次聽到實話——完全沒有摻假的事實——是什麼時候？

我們對於已發生的事都有自己的意見，但是你怎麼看一個不被百分之八十人民信任的總統？有這樣的數據在政治圈也許還能保住飯碗，但我實在想不出還有哪個行業可以讓你做得如此安穩。

麥凱箴言

馬克・吐溫說得好：「我和喬治・華盛頓不同，我有更高、更偉大的原則。華盛頓不能說謊，我可以說謊，但我不會去說謊。」

15

發掘自己的潛能

跳蚤訓練師在訓練跳蚤時，觀察到一種可預測的跳蚤奇怪習性。牠們被放在一個有蓋子的紙盒裡，跳蚤會一次又一次地跳起來並撞到紙盒蓋，當你看著牠們跳、撞盒蓋時，一種有趣的現象也愈來愈明顯，那些跳蚤繼續跳，但把跳躍的高度降到不會撞到盒蓋。

等你拿走蓋子，跳蚤依然繼續跳著，但絕不會跳出盒外。爲什麼？因爲牠們已經制約自己只能跳那麼高。

許多時候，人也一樣。人會限制自己，以至於我們永遠無法發揮全部的潛能。就像那些跳蚤，牠們無法跳得更高，因爲牠們以爲自己只能跳那麼高。

你的過去不代表你的潛能。

用《史努比》（*Peanuts*）漫畫主角查理．布朗（Charlie Brown）的話來說，就是：「人生最大的負擔莫過於擁有巨大潛能。」

有太多人活在一個「安於現狀」的世界，而從來不把精力用在「發揮潛能」上。渴望是發揮潛能的主要驅力。人們無法成功，是因爲他們不知道自己想要什麼，甚或最糟糕的是他們不想要成功。換句話說，他們不願意爲成功而努力……他們不想付出代價。

這就像某位女士曾對一位世界級音樂家說：「我願意付一切代價來換取和你一樣的演奏水準。」那位音樂家回答：「我想妳不會這麼做，因爲沒有多少人願意做這樣的承諾。」

渴望還不夠，還必須有預做準備的決心。準備意味著渴望、學習、閱讀、聆聽、組織並擴大你的思維。它涉及嚴格訓練心智和身體，以達到成功。

蕭伯納（George Bermard Shaw）了解這個道理。一名記者在他過世前訪問他：「您曾訪問過世界上一些最著名人士，您認識世界各國的皇室、世界知名的作家、藝術家、教師和權貴。如果您能再活一次，做您認識的任何人，或歷史上的任何人，您會選擇做誰？」

蕭伯納回答：「我會選擇做蕭伯納能做到，但卻從未做到的那個人。」

人們有許多藉口不做他們有潛力做到的那個人，其中之一就是消極——否定自己能辦到。

在一九四〇年代，沒有一位航空工程師或物理學家相信人類能打破音障。但著名的空軍飛行員葉格（Chuck Yeager）相信一定能辦到，後來他果然成功突破。

另一個原因是，許多人不知道自己的潛能，以致沒有把握住展現才能的機會。看看綠灣包裝工隊進入名人堂的跑衛霍農（Paul Hornung）。霍農在聖母大學以四分衛贏得海斯曼獎（Heisman Trophy），但綠灣隊當時已經有一位明星四分衛史塔（Bart Starr）。一直等到兩年後包裝工隊的傳奇新教頭隆巴迪接掌球隊，發掘出霍農的其他潛能和長項，霍農才有一展身手的機會。隆巴迪知道霍農塊頭很大，但他也發現霍農能帶球跑，尤其擅長在二十碼線內跑。

成果很驚人，在一九六〇和一九六一年，綠灣包裝工隊開始了著名的連串奪冠紀錄，包括霍農被美國職業足球聯盟（NFL）選爲最有價值球員。

大多數公司都有隱藏的資產等著被發現和釋出，也就是員工創造價值的龐大潛力。日本製錶廠精工公司（Seiko）爲了確保公司的傑出人才都有機會施展才能，採用了一套正式的績效評估制度，來協助公司決定員工是否值得晉升。如果員工連續三次在評估中獲得高評價，就會受到特別的注意。

高層有責任去評估有望晉升的人選，然後選擇、任命新的經理人。這套績效評估制度協助精工建立了儲備管理人才庫。你認爲精工會如何評價你呢？

麥凱箴言

尚未開發的最大潛能資產正等著被發掘，它們藏在你的兩耳間。

快課一分鐘5

做自己，並提升自己

我向來對日本鯉魚很著迷，這種魚似乎有無限的生長潛力。如果你把一條鯉魚放進一個小魚缸，牠只會長到二、三英寸長。在較大的魚缸或小池子裡，牠們會長到六至十英寸。在更大的魚池裡，鯉魚可以長到一英尺半。但是如果鯉魚被放到大湖中，牠們可以盡情成長，達到三英尺長。魚的尺寸和牠生長的環境大小成正比。

這個原則也適用於人。我們根據自己身處世界的大小成長。當然不是指身體，而是心智。你也可以變成心智的巨人！

你的升遷完全掌握在主管手裡嗎？也許有一點點，但最終的責任仍取決於你自己。你必須讓你的主管知道，你永遠準備好接受新挑戰，而且會竭盡全力做好準備。你當然希望在下一個機會出現前成為合格人選，而不是事後懊悔。你會希望無論是在辦公室或在下班後自己都是大家注意的焦點，你的同事和朋友老是聽到大家反覆談論你的工作事蹟。

成長、擴展，並改變自己。

想想看，一塊生鐵只值五美元，製作成馬蹄鐵後，它的價值提高到五十美元左右。製作成針，再上看到五百美元。但如果你把這塊鐵鍛造成瑞士手錶的彈簧，它的身價可能竄升到五十萬美元。你從相同的原料開始，但是它的價值卻隨著原料不斷被開發，製作成不同產品而水漲船高。

這個道理也適用於人。

16

超級業務員以客為尊

多年來，企業無不爭相宣稱它們以客戶爲尊。現在，大公司紛紛把雄厚的力量用在實踐這個口號上。最新、最熱門的高階主管職銜是客戶長（Chief Customer Office，CCO）。客戶長的工作整合了攸關企業生存的客戶相關活動，例如銷售、行銷、客戶服務，甚至是廣告。這個新趨勢稱爲「客戶經驗管理」。近來的研究結果不出意料：滿意度改善、忠誠度提高，以及更多的推薦新客戶。

知名的高階主管獵才公司孔恩裴瑞國際（Korn/Ferry International）全球市場管理總監泰爾妮．蕾米克（Tierney Remick），一直是我書中的受訪貴賓。泰爾妮很清楚大企業暗中尋找高階主管時想要的是什麼，以下是她與我分享關於高階銷售主管的新趨勢。

Q 新一代的高階銷售主管應具備哪些特質？

今日的高階銷售顯然牽涉到過去所沒有的企業策略。企業策略思維是必要條件，這種思維能更了解視聽大眾的觀點，目的是創造更富建設性的商業對話與關係，而不只是建立在人格的基礎上。

Q 高階銷售是否已超越個別交易的成交？

絕對是。今日的一切都是整合的：顧客、客戶，甚至是競爭者。只看交易是否成交，會讓你錯失許多機會。

Q 成功的頂尖業務員的個人前景有什麼改變？

除了須具備關鍵的策略本能外，還必須專注於解決廣泛的商業問題。除了專注於商業問題如何影響我的組織，也要注意它們如何影響我們與客戶所培養出的商業關係。例如，我們如何在必要時確保透明的客戶商業關係。

Q 至於識人、談判管理、留下深刻印象這類技術優勢呢？

過去，對於成功的定義往往是「我贏，你輸」，今日則是「雙贏」。這有賴雙方都了解何時改捨何時該取，以及取捨之間會如何影響談判桌上對手的個性。你必須能直覺地理解到對手來自什麼背景，也必須能感同身受他們的觀點。

高階業務員兼具高度同理心和高智商。如此可以創造出一種夥伴感，而能更進一步擴展彼此的交易。許多執行長是效率驚人的業務員，而最成功的執行長則會讓人感覺到他們眞的關心客戶。

Q 隨著同理心愈來愈重要，這是不是很自然為女性高階銷售創造了優勢？

你當然會這麼認爲。因爲許多特質，例如：高度同理心、高直覺力和高明的雙贏談判能力等，通常被視爲女性特質。

還有，多文化、多性別的敏感度，在今日的世界裡也很有用。這種情形可能與十到十五年前不一樣，我們現在是在地球村工作。在許多社會中，女性從事商業的人口和男性一樣多，而且分布在各種年齡層。

Q 頂尖業務員完全成為公司整體認同的一部分……彷彿整個人是從公司網站跳出來一樣，有多重要？

不管公司希望自己如何被呈現，這個人的一言一行必須就是公司的策略性大使。但是，這對今日所有高階主管來說都是如此。隨著商業的科技性日趨複雜，像是企業資訊長（Chief Information Officer，CIO）也肩負相同的責任。

Q 高層的重大銷售案是否更有賴團隊合作？

在最好的組織裡，客戶長與其他部門的高層共同坐在策略領導會議桌前，一起商討。所有活動都從整合的觀點被徹底思考：「不管我賣什麼，都會影響客戶關係，包括科技與營運。」這有賴持續不斷從廣泛的觀點來檢視業務。

舉例來說，一家成長迅速的消費性商品公司，正對一家大零售商做銷售簡報。賣方的客戶長很可能陪同執行長和資訊長赴會。所以，部門的整合非常重要。

Q 似乎有愈來愈多高階主管，包括最高層主管，透過黑莓機和智慧型手機處理生意的後勤事務。每天有這麼多交易透過行動電話管理，是不是需要一種不同的準備和心態？

科技經常是單向的互動。我們很輕易就想當然爾地以為科技可以做所有的事。主管如果保有在面對面或聲音對聲音接觸時必須的扛責勇氣和溝通效率，就能出類拔萃。如果高階銷售主管喪失與合作夥伴接觸的技巧，那一定行不通。

你必須配備科技武器，但不能讓它破壞你的個人風格。你當然不能仰賴科技裝置來取代人性的溫暖。

只依靠科技會貶抑個人，反而偏離你的目標。

Q 二十年前，典型的銷售主管，甚至是極高層，都以具備人際激勵者的技巧而備受讚賞。

今日的頂尖業務員是否比過去更具分析傾向？

當然，現在對分析能力的要求應該比過去更甚。銷售主管必須爲他們的決策影響投資報酬率負責。既然銷售案有大有小，有輕有重，頂尖業務員必須具備財務判斷力，足以區別好交易和壞交易。這樁交易的投資報酬率能爲公司賺錢嗎？如果不能，而你還是選擇接下生意，你就必須很清楚這樁交易對公司獲利的影響，以及你這麼做眞正的原因。

Q 這對邁向執行長的工作生涯有什麼影響？在行銷／銷售領域的重大資歷，是否被視為未來出任執行長／營運長的重要預備經驗？

是的，因爲與客戶和潛在夥伴的互動是執行長的例行活動。一家公司再也無法靠單打獨鬥存活了。

麥凱箴言

如果你一心追求高階銷售主管職務，以客為尊就是以你的前途為尊。

17

稱讚你內在的小孩

小孩對生命充滿熱情，他們以嶄新的眼光看待一切事物，知道每次都會發現不同的新東西。另一方面，成人只尋找他們知道和期待的事物。想想看，我們錯過了多少東西！

我們已忘卻熱情，也就是體驗新事物的驚奇感，以及解謎時的廢寢忘食。這些都是偉大業務員具備的特質。

我的已故好友吉姆．榮恩（Jim Rohn）是一位演講大師也是激勵大師，他鼓勵人「練習像個小孩」。吉姆提到了四種方法可以讓你更像小孩，不管你現在多老。

・**擁有好奇心**。吉姆說：「學習像小孩一樣好奇，小孩會問一百萬個問題。你以為他們問完了，但他們還有一百萬個問題……。你有沒有注意到當大人踩螞蟻的時候，小孩卻在一旁研究牠們。小孩的好奇心幫助他們擴展、學習和成長。」小孩任由他們的想像力馳騁，不怕嘗試打破傳統的點子。小孩不需要別人教導「跳出框架的思考」。我認識的小孩大都討厭受到束縛，他們是超越極限的專家！

·**興奮到討厭晚上必須上床就寢**。喚醒那種「等不及早上要起床」的感覺——興奮到你快要爆炸。在下一次家庭聚會時，你不妨留意一下我認識的一位可愛愛爾蘭婆婆提出的那種請求：「讓我坐在『小孩桌』。」她會這麼說，因爲這樣她就可以吃快些，快點回到好玩的事情和遊戲上。「小孩比大人有趣多了。」這絕對是她的眞心話。

·**相信**。吉姆認爲，信心很孩子氣，「成人往往傾向於過度懷疑，有些成人甚至有冷嘲熱諷的傾向。」成人需要證明某件事是好的、是有益的，才願意相信它。在吉姆看來，小孩看待世界的方式則截然不同，「小孩相信你可以做到任何事，你注意到這種差別了嗎？」

·**信任**。「聽過『睡得跟小孩一樣』這句話嗎？那就對了，」吉姆說道，「當你今天得到了A+，然後把它交到另一個人手上便離去，這就是孩子的信任。」

在今日的商業世界裡，「信任」可能是最短缺的商品。

你能信任你的客戶會支付他們的訂單嗎？你能信任你的供應商會準時交貨嗎？你能信任你的員工每天都會準時來上班嗎？在小孩的世界裡，只有信任和不具威脅性的環境。

不過，這和容易受騙無關。如果你像我一樣數十年來都在研究成功的業務員，你會經常驚訝地發現，年輕的活力讓他們始終活得興高采烈。活力、想像力和不可思議的天真，全都提升了人們對業務員的喜愛和信任感。

吉姆・榮恩說：「好奇心、興奮、信心和信任，這是多麼強大的組合啊，可以讓我們恢復生命活力！」

麥凱箴言

長大，而且再度像小孩般思索。

幸運餅乾─成功

- 星期六下午比賽開打，每個人都想贏。然而，決定輸贏的是另外六天你做了什麼。

——盧·霍茲

- 如果你想做日光浴，最好有心理準備，你可能會起幾個水泡。
- 每一個成就都從決定試試看開始。
- 努力可以讓不可能變可能，讓可能變有希望，讓有希望變一定。
- 你在賽馬時不會說：「哇嗚！」（whoa，譯注：whoa是讓馬停步的口令，在一般用語則表示驚嘆。）

- 人生就像一場網球賽，開球好的選手很少輸球。
- 任何人都能贏……一次。
- 在成功的階梯上時，別爲了欣賞自己的傑作而往後退。
- 成功的人往往只是敢冒險的普通人。
- 不做到超過平均水準，就是把平均水準拉低的原因。
- 唯一能在「工作」（work）前就看到「成功」（success）的地方是字典。
- 成功是做我們喜歡做的事，而且賴此維生。
- 人生中最難處理的兩件事，是：失敗和成功。
- 成功是旅程，不是目的地。

- 成功的眞正契機在於人，而不在工作。
- 除了去做，沒有任何保證有效的成功法則。
- 對眞正的贏家來說，終點線並不存在。
- 贏是一種習慣，遺憾的是，輸也是。

II

觀想的力量

18

觀想成功

運用想像力的最佳方式之一是觀想（visualize）或幻想（fantasize）。很早以前我就發現，想像自己處在成功的情況中，是達成個人目標最強而有力的方法。

這相當於開球員上場踢出一記得分射門球的時刻。距比賽結束還有三秒鐘，現場有八萬名吶喊的球迷，電視機前有三千萬人收看電視轉播，而比賽仍然陷入僵局。當開球員開始動作時，其實他做了一百個細微的調整，以達到在他心中已上演過無數次的意象——他射球進門的畫面。

意念投射是許多偉大運動員共同具備的能力。他們能夠預見；他們能夠在事情發生前一剎那，預見事情發生。

尼可勞斯（Jack Nicklaus），這位世界高球名人堂（PGA Tour Hall of Famer）中最偉大的高爾夫球選手之一，有一次他被問到其輝煌成就，尤其是推出關鍵的奪冠推桿，他想了一下說：「我在想像推桿時，從未失手過。」

尼可勞斯的木桿、長鐵桿或短鐵桿，甚至切球或推桿，都不見得是最好的，但是幾乎所有人都公認他是歷來最偉大的思考型高爾夫球選手。運用心智對高爾夫球選手來說極爲重要，在我看來佔了五〇％。

華森（Thomas Watson）四十歲時出任一家小型切肉機、時鐘和編表機製造公司的總經理。遠在電腦商業化之前，他便看到了一幕意象：一部可以處理和儲存資訊的機器。爲了符合其崇高意象，華森把公司改名爲「國際商業機器公司」（IBM）。華森在晚年時被問到他在什麼時候預見了IBM的成功，他簡單地回答：「從一開始。」

史密斯（Fred Smith）預見了隔夜送達全國各地的航空貨運服務，當時是一九七〇年代初，他把這個構想寫在耶魯大學經濟課的學期報告中。遺憾的是，他的教授未能對史密斯的興奮產生共鳴，只給他C。不過，史密斯後來帶著這個點子，創立了一家家喻戶曉的傑出公司，聯邦快遞（Federal Express）。

對具有高瞻遠矚視見的人來說，成功一點都不意外。他們知道自己想要什麼，然後擬訂計畫去達成它，並預期會有好結果。

著名的宗教領袖葛培理（Billy Graham）祈禱說：「主啊，讓我爲祢做一些事，任何事都好。」這種態度讓葛培理看到了一個驅策他一生追求的異象。能預見世界變得更好的能力是無數成功故事的基礎，例如：

・萊斯（Henry Royce）無法接受不完美的汽車，所以勞斯萊斯（Rolls-Royce）至今仍是象徵不凡的標誌。

・萊特兄弟（Orville & Wilbur Wright）在一個兒童生日派對得到啟發，當時他們看到一架上了橡皮筋發條的玩具飛上天空。他們最終把此靈感落實成眞。

・居里夫人（Marie Curie）堅持她對科學研究的承諾，無視周遭懷疑的眼光，不斷做出重大貢獻，至死方休。

這些成功人士都擁有一種超凡能力，能正確預見超乎尋常的事情發生。他們教導我們，預見未來始於想像，而且堅持相信夢想總有一天會實現。

有個人，名叫維克多・弗蘭克（Viktor Frankl），他把自己九十二載的人生歸功於擁有投射意念的能力。他在被納粹關進集中營前，是一位著名的維也納精神科醫師。我幾年前聽過他的演講，他具有讓聽眾如醉如癡的演講能力。

弗蘭克說：「我今天站在這裡有一個原因。當其他人都已放棄希望而死去時，我還能繼續存活下來，是因爲我有一個夢想，夢想有一天我能夠站在這裡親口告訴你們，我如何從集中營倖存下來。我從未來過這裡，我從未見過你們當中的任何一個人，我從未發表過這些演講，但是在我的夢中，在這個會場裡，我站在你們面前說過這些話一千次。」

麥凱箴言

人從下定決心要成功的那一分鐘起，開始成功。

19

為生存而推桿

和數百萬人一樣，奈史密斯（James Nesmeth）夢想改進他通常只能打出九十幾桿的高爾夫球賽成績。然而，現實生活迫使他完全放棄球賽七年，沒有機會發球，也沒揮過球桿。但是等他下一次出賽時，他打出不可思議的七十四桿。

奈史密斯在這七年內確實「想過」打球……事實上，這可能救了他一命。事情經過是，奈史密斯在這段期間成了北越的戰俘，被關在一個高約四英尺半、長五英尺的籠子裡。

在大部分被囚禁的時間裡，他看不到任何人，也沒有人可以說話，而且在狹小的空間裡幾乎無法動彈。起初他把大部分時間花在祈禱能獲釋上，但隨著時間逝去，他發現如果不讓自己的心智保持靈敏，他會發瘋，甚至喪命。於是，他學會了觀想。

想扭轉現實嗎？學習想像！

奈史密斯決定打高爾夫球。他想像自己最喜歡的高爾夫球道，並且每天打十八洞。他幻想每個細節，從穿的衣服到高爾夫球桿，以及球道的每一幅景色和氣味。他想像不同的天氣狀況、不同的球洞位置、不同的季節。他握著球桿，實驗不同的握法。他看著自己的揮桿進步，看著球飛過球道，每次推桿進洞就歡欣雀躍。

奈史密斯每天好整以暇「打」整整一場高爾夫球，每天四小時，每週七天，連續七年。在這段期間，他的身體狀況持續惡化——許多人可能還記得戰俘獲釋時的可怕景象。但他保持自己的心智在最佳狀態。他在被釋放後參加的第一場高爾夫球賽中，他一口氣進步了二十桿，這完全要歸功於觀想的力量。

法提歐（Tom Fatjo）知道自己想做什麼，並且把五百美元的投資和一輛二手垃圾車，藉由「創造性的夢想」轉變成美國最大的固體廢棄物處理公司。目前擔任WCA公司董事長兼執行長的法提歐說：「在休士頓發展第一家垃圾公司的初期階段，我經常想像一整隊藍色卡車隊伍穿過清晨薄霧，從我們的停車場開到休士頓街上。在我的想像中，我可以『看到』卡車和員工，在市區街頭緩緩前進。」他觀想自己的夢想彷彿已經成真一般。

五十年前，誰能想像把人送上月球？當然，甘迺迪總統在一九六〇年給了美國人這個願景，並設定十年內達成這個目標。雖然有人嘲諷這個夢想，但也有數千萬人分享總統的夢想。後來發生的事就毋須我在此贅言了。

觀想可以幫助你存活……和成功。

觀想讓你看到理想的明日。它不必做規劃，也不預期障礙。觀想給你一個可能成真的心像，只要你極度渴望擁有它。這趟觀想之旅或許不是那麼容易，但只要你記住自己是從哪裡出發，而且心中有清楚的目的地，那麼你在旅程中所踏出的每一步都是值得的。

一位農夫有次雇用了鄰居少年協助自己做些春季的犁田農務。農夫的信念是放手讓別人做事，避免不必要的監督，在幫少年發動牽引機後，自己就到另一片農田工作。沒有經驗的少年急於向新老闆證明自己的能力，不斷回頭確定犁溝是否犁得夠筆直。不過，即使頻頻檢查自己的成果，當他來到農田盡頭，看到歪七扭八的犁溝還是感到很沮喪。他試了又試，就是無法犁直。等農夫回來檢查他的進展時，立即就發現問題出在哪裡。

農夫協助少年下了牽引機後，告訴他：「如果你不斷回頭看，就不能犁出筆直的犁溝。你必須眼睛直視著前方，並且永遠記住自己所在的位置。」

麥凱箴言

異象或願景跟你想什麼都不是那麼重要，重要的是你怎麼想。如果你能觀想異象，你就能實現它。

快課一分鐘 6

高瞻遠矚

海倫・凱勒（Helen Keller）在十九個月大時就已全盲，但凱勒以優等成績從雷德克里夫學院（Radcliffe College）畢業，成為一位睿智的作家和演說家。有一次她在一所學院演講，在問答時間時有一位發問者天真地問她：「凱勒小姐，喪失視力對任何人來說是否都是最糟的事？」

她回答：「不，最糟的是喪失你的遠見。」

視力讓我們可以看到眼前的事物，而遠見可以一直看到視野以外之處。

20

吃得苦中苦

已退休的印第安納波里斯小馬隊（Colts）教練東尼．丹吉（Tony Dungy），是協助身邊的人觀想勝利的大師。他從高中比賽時代起就開始這麼做了，這也是我如此積極替明尼蘇達州地鼠隊（Gophers）延攬他的原因之一，後來他果然成了該隊的明星球員。當東尼在他二〇〇七年出版的暢銷書《靜默的力量》（*Quiet Strength*）裡寫道：「哈維，如果不是你，我不會有今日的成就。」確實讓我感到無比驕傲。

因此，他麾下的四分衛曼寧（Peyton Manning）篤信練習和準備，就一點也不令人意外了。你可能還記得二〇〇七年邁阿密的超級盃，印第安納波里斯與芝加哥熊隊（Bears）在間歇的滂沱大雨中進行比賽。惡劣的天氣似乎對熊隊的快攻打法極爲有利，而不利於經常在華氏六十度的室內體育場比賽的小馬隊。

不過，賽事結果正好相反。熊隊丟掉控球權五次，四分衛葛羅斯曼（Rex Grossman）漏接兩次球，在一次失敗的推進中失去十碼。曼寧沒有發生任何改變戰局的失誤，爲什麼？很簡單，曼寧和他的首發中鋒沙特迪（Jeff Saturday）經常進行「濕球訓練」。曼寧裝滿一桶水，抓一顆橄欖球走到球場。他把球浸到水桶，然後反覆不斷練習接濕球。

曼寧說他的中鋒痛恨濕球訓練，他也承認自己練到有點膩，但他們仍然持續每年進行濕球訓練。超級盃比賽結束後，在嘈雜的小馬隊更衣室裡被問到惡名昭彰的濕球訓練時，沙特迪大笑說：「那實在不是我偏愛的訓練，但今天晚上它值回票價。」

當你觀想時，不妨預想一些可能會發生的不利情況，而你要如何克服它們。然後，擬訂一個練習計畫，讓你可以立即做出回應。

我每次與我的經理人們開會時，都以一個相同的練習結尾。我們在房間裡圍坐著，我要求每個人列出可能會發生的問題，以及萬一眞的發生了，他們會怎麼解決問題？

重要的不是客戶的反對意見讓你招架不住，而是你面對反對問題時，可以信心十足地給他們一個打不敗的回答。

麥凱箴言

預期災難是避開災難最保險的方法。

21

有夢最美！

馬丁・路德・金恩（Martin Luther King Jr.）有一個夢。富爾敦（Robert Fulton）有一個夢。美國是由夢想家建立的國度。在電影中，警探永遠夢想著退休後能過著湖邊垂釣的生活，安享餘年。大都市的報社記者希望遠離塵囂，買下一家小鎮報紙。這些夢想是美國傳說的一部分。過去，軍方喜歡促銷二十年後退休的夢想：十八歲從軍，周遊全世界，然後在三十八歲退休。

許多人都懷抱夢想，但從未眞正採取行動實現夢想。有多少人宣稱他們想過要練習呼拉圈或養石頭寵物，但他們從來沒有一次眞的說到做到？

夢想可以成爲最好的激勵。它們可能無傷大雅，例如花一、兩塊錢買張樂透；它們也可以是危險的自我欺騙。我們都知道一輩子追逐百萬美元訂單的業務員，冀望獲得一筆到明天就能退休的巨額佣金——如果他們能克服最後那道小障礙的話。

李歐就是這種業務員，他一連幾個月把精力都放在一樁「一輩子一次」的交易上，眼看成交在即，所以他訂了一輛新款的凌志LS轎車，並且承諾捐獻一筆鉅款給一家慈善機構。所有業務員都知道，訂單愈大就愈可能出差錯。果不其然，李歐的生意眞的出了差錯，他始終未能成交。想想看，他必須退掉他的訂車和收回承諾一定很尷尬，所以你們絕不應該——我是說絕對不要——在還沒收到支票前，就先把佣金花掉。

不管你的夢想是什麼，是提早退休、創立自己的事業，或擁有自己的房子，如果你把它當作長期目標來達成，就能更容易達成。除非你有計畫去實踐，否則夢想只是夢想。由於許多夢想牽涉大筆金錢，所以你必須有個財務計畫，而不僅只有工作生涯規劃。

擁抱風險，但要睿智以對。守住個人財富所需的智慧和努力，不下於用它來為你賺更多錢。

別把你的心思和精力全花在如何爬到高位，但卻散漫地處理賺來的錢。有太多人精於規劃與發展自己的工作生涯，但卻是個理財白癡。然而，即使再精明的生涯規劃者也會發現，他們的工作並不像他們所以爲的那樣安穩無虞。

麥凱箴言

夢想就只是夢想，而目標是有截止期限的夢想。

22

別錯過美國小姐

我是二〇〇一年美國小姐選拔的評審之一，那年是由奧勒岡小姐哈曼（Katie Harman）奪得后冠。我從這次的經驗中學到兩個關於擇人的寶貴教訓。

幾乎每個人都知道評審受託是要選出美國人會選擇的美國小姐，而不是他們個人覺得最對眼，或是投合他們喜好的人。評審依據五類標準評分每個參賽者，總分最重要，而各項標準則依照權重計分。在最後的決選中，才藝項目佔三〇％，泳裝則只佔二〇％。

在今日的商業界，決定愈重大，就愈可能交由委員會來決定。

同理，所有大企業的決策都取決於多重標準。如果你是受評對象，就要知道評審的標準，了解各項權重和總分的計算。如果你只顧著在一、兩項「壓倒性」項目上下功夫，很容易在比賽中被淘汰出局。

當我在大西洋城看到這群多才多藝、充滿魅力的女性，我同時也得到了一個強烈的印象：她們是五十一個有個性的人，不是《超完美嬌妻》（*Stepford Wife*）裡的複製嬌妻。在銷售工作上，我們往往被「夢幻團隊」這類思維癱瘓了自己。我們製造出同樣膚淺的配對：

- 我們把最優秀的業務員分派給最大客戶。
- 電腦宅男之類的客戶配給極客銷售巨星。
- 有一世紀悠久歷史的企業，則指派給穿細條紋西裝的業務代表。

這不符合氣味相投的原則。有時候，由於與最大客戶的來往都很順利，搭配幹練細心的主管就很好。有時候，最優秀的業務員最適合在一個新行業裡發掘剛竄起的新客戶，反而成爲公司明日的金雞蛋。偶爾一個安排巧妙的科技通就是最佳拍檔，他可能是徹底整頓某家客戶的理想人選，因爲這家客戶落伍的採購習慣即將讓這家公司走入歷史。

麥凱箴言

美國先生和美國小姐可能彼此約會，但這並不代表他們就是天生一對。

快課一分鐘 7

前進網路世界

*Promo*雜誌報導，DoubleClick幾年前針對家庭主婦和網際網路所做的研究發現：「八九%的家庭主婦每天至少使用網際網路兩次，而八六%的主婦說她們用搜尋引擎來尋找網路資訊。」她們每日必做的事包括：比價、尋找產品資訊，以及你說的是哪家商店？怎麼到哪裡？

這告訴了我們什麼？它們包括了：

- 如果你從事銷售工作，你的產品被完全不受網際網路影響的終極客戶購買的可能性幾乎是零。客戶很可能已經先在網路上針對產品的幾方面做過研究或比價，才做出最終的購買決定。

・網路行銷不是附帶品，拙劣的網路行銷可能讓你的事業全軍覆沒。

・網際網路已變成自羅馬帝國以來最血腥的競技場。你必須把定期搜尋對手當成每天早上例行的工作。

過去，我們擔心客戶是電腦文盲。如今，這已經不再是問題了。客戶現在會自己找方法上網。今天，我們面對的挑戰已經變身成為一隻全新的怪獸。當一個潛在買家上網看到了你的網站資訊，那麼，我們要問這些資訊：

・是否提供了有用且富有吸引力的內容？

・是否容易瀏覽？

・是否以一種令人信服的方式，呈現了你要販售的商品或服務的精髓？

無論喜不喜歡，你的網路認同已經成為你的銷售方程式的一部分。而唯一的問題是，網路銷售的加分或減分效益究竟有多大？

23

步步進逼球門線

我們都知道，在努力達成目標的過程中很容易偏離方向或分心。二〇〇七年的一項研究顯示，二九%的美國女性和一九%的男性正在節食中。這可能是好事，因爲美國政府二〇〇八年的調查指出，超過六〇%的美國人體重過重。

你曾否注意到，你努力節食但卻總是碰到障礙？

讓我告訴你一個故事，它和一個胖哥常穿那種老式的水果牌（Fruit of the Loom）內衣有關。他對減重變得愈來愈狂熱，開始進行一項快速減肥計畫，並在三個月內體重減少超過一百英磅。不過，快速減重也造成他必須住院。

等身體康復後，他決定學習透過攝取充分的營養，和適度的運動來達成安全減重的目標。他對學到的東西十分振奮，並且訂下目標決定要把自己的知識分享給肥胖困擾者，而且要讓這件事變得好玩又有趣。今日，西蒙斯（Richard Simons）的減重十字軍已獲得全美的肯定，如果他沒有設定目標並且堅持不懈，他不可能有今日的成就。

遠大的目標會擴展你，而不是硬生生地折斷你。

你的首要之務是，專注於目標上。眞正有決心的人不會讓任何事干擾他們達成目標。這也是爲什麼只有少數人能脫穎而出的原因，這並不容易。

已故波士頓塞爾提克隊（Boston Celtics）教練奧爾巴哈（Red Auerbach），是史上最成功的籃球教練之一，他相信成功的基本原則無論在商場或運動場上都一樣。在他的清單上，設定目標高居第一位。

一流球隊永遠有共同的目標。當球員的目標和球隊的目標不同時，球隊通常也不會有良好表現。這也是爲什麼一些擁有傑出球員的球隊有時候反而表現不佳，而其他球隊卻能讓球技一般的球員齊心協力贏得冠軍。

我在二〇〇〇年澳洲雪梨奧運現場便親眼目睹了這類例子，當時毫不起眼的立陶宛籃球隊在準決賽裡一直領先美國隊的夢幻組合，一直到最後幾秒鐘才輸了比賽。

目標不只給我們一個早上起床的理由，還是激勵我們整天往前邁進的動力。目標驅使我們發揮更大潛力，表現得更好。達成目標能產生極大的成就感。

最重要的是，目標必須務實：超越我們伸手可及處，但卻能在可預見的未來達成。

我記得某一集的《史努比》漫畫系列，查理．布朗過了不甚如意的一天，他打棒球被三振出局，氣憤地大罵：「可惡！」回到休息區後，他把臉埋在手裡對露西怨嘆：「我永遠都當不了大聯盟球員。我這輩子都夢想著能在大聯盟打球，但我現在知道我永遠都辦不到。」

露西回答：「你想得太遠了，查理．布朗。你需要做的是爲自己設定立即的目標。」

「立即的目標？」查理．布朗問道。

「對，」露西說，「先從下一局開始。當你走向投手區時，看你能不能走到投手丘而不會跌倒。」棒球是一項很有智慧的運動，看看有那麼多專家在爲指定打者布局後援投手、終結投手……等運籌帷幄，便可看出。

這當中的教訓很清楚。想要在人生中出人頭地嗎？那麼，精通你所做的事，具體而言，就是一次專精一件事。

麥凱箴言

在擊出全壘打前，你得先站上打擊板。

24

目標清單

在羅勃．萊納（Rob Reiner）二〇〇七年導演的電影《一路玩到掛》（*The Bucket List*；譯注：直譯爲「人生目標清單」）裡，摩根．佛里曼（Morgan Freeman）飾演一位博學的歷史學家，從機師自修到今日的成就；傑克．尼克遜（Jack Nicholson）則是一位拚命花錢的億萬富翁。兩個人都是末期肺癌病患，他們在治療期間認識，並決定在翹辮子前做一些事——有些很怪異，有些則很嚴肅。

許多年前，我第一次從霍茲聽到這個概念。他最早有一張列了一百零七個項目的清單，然後慢慢刪掉了一些，例如參加白宮的晚宴，或現身在強尼．卡森（Johnny Carson）主持的《今夜》（*Tonight*）節目。到一九九八年，霍茲和妻子貝絲已達成最初目標中的九十九項！但，這並未阻止他繼續增加清單的項目。二〇一一年我和他核對時，他又加了三個新目標：成爲大學足球名人堂的一員、擁有自己的私人飛機，和慶祝結婚五十週年慶。

自從看了《一路玩到掛》後，我一直在想每個業務員都應該有一張這樣的清單。它象徵「擴展」這個對銷售行業十分重要的概念。萬一你不知道如何開始，以下八個目標是你可以考慮的選項：

一、推銷東西給你認爲可能是世界上最難打交道的人（也許是比爾．蓋茲、華倫．巴菲特……），然後詳細規劃達成目標的作法。

二、利用你的銷售技巧販售一個重大的社區計畫給你定居的城市，並想像這個計畫的內容。它可能是一家專門治療特定疾病的醫院，而這種疾病曾奪去你所愛的人的性命……，或是一座大聯盟球場。我眞的做過這種事，而且從過程中學到了許多哈佛研究所無法教給我的東西。

三、在成爲銷售專家後，想像你出資成立了一家大型基金會。那麼，基金會的目標會是什麼？你會如何分配你的善款？你會支持哪些人的工作，以促進世界更美好？

四、想像你是一位知名的執行長，在電視廣告中促銷自己的公司。司機駕駛賓特利轎車（Bentley）載著你剛剛抵達威爾夏大道（Wilshire Boulevard）上美國電視與廣播演員聯合會（AFTRA）的辦公室前，以領取你的工會會員證，有了它，你才能在電視廣告上演出。你將要增添克萊斯勒的艾科卡（Lee Iacocca）、雷登巴契（Orville Redenbacher；編注：美國同名爆米花公司創辦人）、湯瑪斯（Dave Thomas；編注：溫蒂漢堡創辦人）或是波爾杜（Frank Perdue；編注：波爾杜農場肉品加工公司創辦人）所踏亮的這條傳統路徑的光華。想像你就是下一個波沛爾（Ron Popeil；編注：美國電視購物頻道主持人，堪稱促銷之王），你對大家宣布：「等一等！還沒完！」你打算說什麼話？以及如何履行你的承諾？

五、你令人稱羨的銷售技巧讓你登上了《*Inc.*》和《財星》（*Fortune*）雜誌的封面人物。你具備了哪些獨特技巧和特質，吸引媒體絡繹不絕地想要採訪你？你在iPhone或黑莓機上發現了哪些出奇簡單的應用程式，可以讓數百萬計業務員的生活和工作更輕鬆、更有效率，你找到了哪些別人無法想像的好東西？

六、白宮來電要求你，把你的銷售和談判技巧用在解決一項重大的全球衝突上。你打算怎麼應變？在你的許多追隨者中，你會徵召誰來當幕僚，以便有最好的人才來執行這項任務？

七、最後，你脫離商界轉往政界尋求事業的第二春。杜魯門（Harry Truman）從堪薩斯市的男性服飾事業中學會了他的外交技巧。雷根（Ronald Reagan）在一九六〇年代出現於電視上兜售洗衣產品（20 Mule Team Borax）。我的朋友布朗（John Y. Brown）以無與倫比的銷售魅力奠立今日肯德基炸雞（KFC）王國的根基後，方才參選成爲肯塔基州州長。你會尋求何種公職？你會提出哪些政見？

八、列出一張清單，寫下你一生中想認識的十個人。利用「六度分隔理論」（Six Degrees of Separation），嘗試用LinkedIn或臉書寫一封粉絲信要求會面——但別以爲你無法聯絡這些人。

麥凱箴言

幻想飛行能幫助你在現實中高飛。

25

幻想創造現實

一位母親曾問愛因斯坦如何培養一個小孩成爲天才。愛因斯坦建議她唸童話故事給孩子聽。

「然後呢？」那位媽媽問。

「讀更多童話故事給孩子聽。」愛因斯坦回答，又說科學家最需要的是好奇心與想像力。想像力不只對科學家很重要，對任何尋找以更新、更好方法做事的人也很重要。誰不想找更新、更好的方法呢？

想像力讓優秀業務員的引擎不斷飛快運轉。

《綠野仙蹤》（*The Wonderful Wizard of Oz*）作者鮑姆（L. Frank Baum）確實擁有豐沛的想

像力，故事中的角色和情節就是明證。但你知道在他超過五十五本小說、八十二篇短篇故事和兩百首詩中，他曾想像出手提電腦、彩色電視機和無線電話等日後的發明嗎？順便一提，鮑姆在一九一九年過世，遠早於這些裝置實際生產的年代。

「想像力帶領人類走出黑暗時代，進入現在的文明國度。」鮑姆寫道，「想像力帶給我們蒸汽機、電話、會說話的機器和汽車，因為這些東西在成為現實之前必先出現在夢中。所以我相信夢——白日夢，你知道，就是你的眼睛睜開著，但是你的大腦機器仍轉個不停——很可能帶領我們來到更美好的世界。想像力豐富的孩子將變成想像力豐富的男人或女人，他們將具有最豐沛的創造與發明能力，進而促進文明。」

想像力可以帶領你到許多你未曾去過的地方。不過，如果你的想像力已經怠工許久，不妨試試以下喚醒想像力的方法。

- **問問題**。如果我更動銷售簡報的順序，甚至只是改變PowerPoint裡圖表這類簡單的調整，情況會如何呢？當我瀏覽主要競爭者的網站時，最佩服他們哪種產品或服務的特色？如果我想擁有同樣好的東西，我要花多少成本才能做到？
- **冒險**。你可能很佩服工程部門的某個高手不斷想出許多新點子。那麼，邀請對方喝咖啡，並請教他是如何想出新點子的。或是開始一項可以讓你學到新技術的專案，像是加強外包零件的品管控制，諸如此類。

．**擁有好奇心**。每天早上從網站閱讀各種商業新聞（有幾十種可供選擇）。試試你的大客戶稱讚的異國風味餐廳。閱讀你敬佩的大學教授推薦的書。跟曾在戰場服役過，或在人道救援危機現場服務過的人談話，並且想像自己身歷其境。

．**預期出乎意料之事**。與其悲嘆事情不如自己的預期，不如想辦法找出解決之道反而更好。委託一位年輕同事編寫一段推銷話術，你可能從中發現更活潑的新方法，可以把你想推銷的東西呈現給較難維持注意力的X世代客戶。

．**不靠說明書拼湊模型**。拿一堆樂高玩具，看你能創造出什麼東西。玩培樂多黏土（Play-Doh），製作一個食物雕塑。選擇一種顏色，然後注意有多少東西呈現那種色調。趴跪在地上，從小孩的觀點看周遭事物。

麥凱箴言

想像力的唯一法則是：只要你能想像，你就能做到。

III 堅持不懈

26

決心第一課：任何人都辦得到

決心是維持我們繼續前進的動力。下定決心的人散發追求遠大目標的毅力和勇氣，不管碰到批評、揶揄或逆境。事實上，橫逆往往刺激我們獲得更大的成就。

想想席維斯．史特龍（Sylvester Stallone）和他非凡的成功。他小時候經常遭到父親毒打，並且嘲弄他是個愚蠢、沒大腦的傢伙。他在成長期間備感孤獨和困惑，學校一個接一個換不停。卓克索大學（Drexel University）的顧問告訴他，根據性向測驗，他應該從事電梯修理員的工作。

史特龍決定從事演藝工作，但他不正常的成長過程導致接二連三的挫敗。他仍然矢志不移學習他所選擇的志業，並且嘗試寫作。在看過沒沒無聞的拳擊手韋伯納（Chuck Wepner）竟然能堅持到最後，與拳王阿里（Muhammad Ali）對打十五回合後，史特龍受到激勵而在短短四天內寫出《洛基》（*Rocky*）的劇本。正如隆巴迪說的：「重要的不是你是否被擊倒，而是你能否再站起來。」五集的《洛基》電影系列證明史特龍是決心的拳王。

決心將平凡變成不平凡。

數以千計原本應該倒閉的企業，今日卻成就大業，這都要歸功於經營者的決心：

- 可口可樂第一年只賣出四百瓶可樂。
- 蘋果電腦創業之初遭到惠普（Hewlett-Packard）和雅達利（Atari）公司的拒絕。
- 發明家卡森（Chester Carlson）曾失業多年，直到最後才找到金主贊助他的電子影印儀器（全錄）。

葛蘭特（Ulysses S. Grant）將軍和許多在他之前和之後的軍事英雄一樣，因爲堅定不移的意志被林肯總統視爲不可或缺的將領。葛蘭特在夏洛伊（Shiloh）一役戰敗後，幾乎所有美國報紙都要求他去職。林肯的朋友懇求他轉移葛蘭特將軍的指揮權給其他人，但林肯總統說：「我少不了這個人。他有鬥志，他有鬥牛犬般的咬勁，只要一被他咬住，誰都無法把他甩掉。」

看看德蕾莎修女（Mother Teresa），這位瘦小的修女以她沉默的決心，喚起全世界注意窮人的苦難。

老羅斯福（Theodore Roosevelt）總統的決心始於童年的痼疾。哮喘使他無法像其他小孩那樣嬉戲，而必須常常躺在床上用盡力氣呼吸。他害怕上床睡覺，唯恐第二天再也不會醒來。羅斯福矢志強健自己的身心，因著這種渴望自立的心理讓他得以堅持每天運動和勤練幾個小時的舉重。他也變得熱愛閱讀，狂熱地吸收任何他所能想像得到的書籍。就讀於哈佛大學期間，羅斯福便以精力充沛和熱情而聞名。

別讓挫折變成扛在背上的重擔。

如果你關掉開關的時間多於打開，那麼你該檢查是什麼原因讓你如此退縮。是工作本身的問題嗎？那麼，找出讓你熱愛工作的動力，或者轉換跑道。是害怕失敗嗎？那麼，你沒有注意聽：失敗是學習和改善——也是提振熱情的機會。你覺得無聊嗎？身心耗竭嗎？準備接受不同的挑戰嗎？那麼，抓住嘗試新事物的機會。人生苦短，不能浪費時間在厭惡的工作上！尋找能激起你熱情的事物，埋首其中直到廢寢忘食。

人生有時候必須放手一搏，以考驗自己。我在二〇〇六年十二月親眼見證了這個道理。當時，我開車送好友拳王阿里離開我們爲他妻子隆妮舉辦的驚奇派對。那天晚上剛好也有一部關於阿里生平的電視紀錄片首播，遺憾的是，我們回到家時遲了十五分鐘，無法從頭收看。從車子到前門距離大約二十五碼，這段路拳王必須靠著助步器走完。當我們進屋時，可以看到約十五碼外巨大的電視螢幕上正播放著阿里巨大的身影。

阿里一看到螢幕，立即把助步器推到一旁，快步飛撲到沙發上，開始觀賞自己的生平紀錄片。我站在那裡目瞪口呆，不敢相信自己的眼睛。就我所知，阿里已經有好幾個月走路完全要靠助步器。不論男女，在遭遇挑戰並把戒慎恐懼拋諸腦後、放手一搏前，沒有人知道自己的潛能到底有多少。

許多業務員在其銷售生涯第一年遭到挫敗後，便宣布放棄。幸好，下列四位進入名人堂的教練沒有這種念頭。看看他們在美國職業足球聯盟（NFL）第一年的戰績：

- 藍德瑞（Tom Landry）：達拉斯牛仔隊，零勝—十一負—一和，一九六〇年。
- 諾爾（Chuck Noll）：匹茲堡鋼鐵人隊，一勝—十三負，一九六九年。
- 華殊（Bill Walsh）：舊金山四九人隊，二勝—十四負，一九七九年。
- 強森（Jimmy Johnson）：達拉斯牛仔隊，一勝—十五負，一九八九年。

他們都在進入NFL的第一年和第二年賽事上慘敗，不過，他們後來總共贏得了十一座超級盃。

今日，我們生活在一個一切要求速成的文化中，耐心和決心等特質已變得鳳毛麟角。我們需要更像下面這位矢志在知名企業找到好工作的年輕大學畢業生，她不斷在面試的過程中遭到拒絕，但是決心幫助她堅持目標。一位快被應徵函淹沒的人事部經理告訴她十年後再來應徵，「沒問題，」這位年輕女士回答，「那麼，你覺得早上或下午哪個時段面談比較方便？」

麥凱箴言

要像郵票那樣，黏著不掉（stick to it，堅持不懈）直到抵達目的地。

幸運餅乾——決心

- 失敗時，不要放棄嘗試；會失敗，是因爲放棄嘗試。
- 成功是努力把「知識」付諸實踐的結果。
- 「我能辦到」的心態猶如心智的畫筆——它能爲任何景況畫上顏色。
- 人永遠不會失敗——他們只是放棄。
- 說「做不到」注定失敗。
- 意志力和技能一樣重要。

- 不想贏的人已經輸了。
- 除了放棄嘗試之外，人不會失敗。
- 跑到終點……或走到終點——堅持到底就對了。
- 放棄者永遠不會贏；贏家永遠不放棄。
- 面對考驗絕不輕言放棄。
- 沒有決心的人就像沒有刃的刀。
- 多數情況下，智商對一個人受教育的重要性不如意志力。
- 不開始，任何地方都到不了。
- 做不到，就看著別人做。

27

放棄者：永遠的輸家

要成功，必須做到三件事：

一、別放棄。

二、別放棄。

三、別放棄。

一九五四年我從明尼蘇達大學畢業時，有點趾高氣昂，自以為什麼都懂。我以為自己從一開始就能找到好工作，而且一路平步青雲。

我一開始先從信封業務員做起。我的第一個老闆把一本黃頁工商名錄丟給我，說：「祝你好運，小子！」結果，我一筆生意也沒談成。有一天，我問一個老前輩：「席德，你拜訪一個潛在客戶多少次後才會放棄？」

他回答：「那要看我們哪個先死。」

現在，經常有人問我成功的祕訣。成功牽涉許多因素，但正如我先前說過的，我清單上的前幾項是：第一，你必須是渴望成功的鬥士；以及第二，渴望成功的鬥士永不放棄。我從多年的經驗中學到，成功的主因是堅持到其他人已經放棄。

研究那些真正成功的人，你會發現他們可能犯了許多錯誤，但是當他們被打倒時，他們會不斷站起來……再站起來……再站起來。就像勁量兔（Energizer Bunny），他們一直跑……一直跑……一直跑。

最令人驚奇的是什麼？從逆境中崛起的明星永不退縮，許多人變成他們行業中的巨人：

・麥可・喬登（Michael Jordan）曾被他的高中籃球隊開除。

・亨利・福特失敗並且破產五次，最後終於成功。

・據說海明威（Ernest Hemingway）修改《老人與海》（*The Old Mand and the Sea*）的草稿多達八十次，才交給出版商。

銷售成功的祕訣是你站起來的次數比跌倒多。

我喜歡下面這個關於一位高中籃球教練如何激勵隊上球員，堅持度過艱困球季的故事。在球季過了一半後，他站在球隊面前說道：「喬登有放棄過嗎？」球隊回答：「沒有！」他喊道：「萊特兄弟呢？他們放棄過嗎？」「沒有！」球隊跟著喊。「阿里放棄過嗎？」球隊再度吶喊：「沒有！」「麥阿里斯特（Elmer McAllister）放棄過嗎？」

球隊沉默了好一會兒，最後一名球員大膽地問：「誰是麥阿里斯特？我們沒聽過這個人。」教練馬上回答：「你們當然沒聽過他——他放棄了！」

即使是公認爲運動史上最偉大的棒球明星貝比．魯斯（Babe Ruth），也失敗過許多次。他總計被三振了一千三百三十次。

法佛（Brett Favre）呢？他被攔截的球比NFL史上任何四分衛都多，但他傳的觸地得分球也比NFL史上任何四分衛都多。

邱吉爾（Winston Churchill）提供了一個很特殊的例子，我有幸親身從邱吉爾的孫子邱吉爾三世（Winston S. Churchill III）聽到這段值得牢記，但卻經常被錯誤引述的演說細節。邱吉爾三世寫了一本書，書名是《永不屈服：邱吉爾最佳演講集》（*Never Give In: The Best of Winston Churchill's Speeches*）。

邱吉爾本人一生失敗和挫折不斷，但從未放棄，他也發表過許多極精彩、滔滔雄辯的談話和演說。儘管他在哈羅（Harrow）預備學校的入學考試中歷經艱辛，學業成績也不甚傑出，邱吉爾仍受邀對該校一九四一年的畢業生發表演說。他的演說不超過五十個字，卻發出雷霆萬鈞般的震撼：「這是我們學到的教訓：永不放棄，永不放棄，永遠、永遠、永遠不放棄任何事，不管大小事——永不屈服！」聽眾如雷貫耳的掌聲響起。

麥凱箴言

持續短射造就了神射。

28

一萬小時的投資

葛拉威爾（Malcolm Gladwell）的《異數：超凡與平凡的界線在哪裡》（*Outliers: The Story of Success*）延續了他一系列刺激超凡思維的暢銷書。這本書撫慰了許多無法立即獲致成功的人的心。葛拉威爾主張，要眞正專精一件事約莫要投入十年時間或一萬小時的練習。

「那些頂尖的成功者不僅只是辛勤工作，或是比每個人都更努力而已，」葛拉威爾寫道，「他們遠遠比任何人都要來得更努力。」他說成就等於才能加上準備，而準備在這項公式裡所佔的份量遠大於我們的想像。

葛拉威爾指出，披頭四（Beatles）的成名就是絕佳例證。披頭四在美國一舉成名之前已經組團七年，大半時間都在德國漢堡的脫衣舞俱樂部表演，有時候一個晚上八個小時。約翰．藍儂（John Lennon）回憶起那幾年時光，說道：「我們表演得愈來愈好，也愈來愈有信心。通宵表演的經歷要讓我們不好也不可能。」一夜成名？當然不是。據估計，披頭四在一九六四年大獲成功前，已經累積了一千二百場的現場表演歷練。相比之下，大多數樂團在活動期間的表演不到一千二百場。

葛拉威爾引述了神經學家李維廷（Daniel Levitin）的話如下，他曾全力研究成功的公式，他的發現是：

> 研究得出的結果是，要達到世界級專家的水準需要一萬小時的練習。無論是作曲家、籃球選手、小說家、溜冰選手、職業鋼琴家、棋士，甚至是最厲害的罪犯等，都一再驗證這個數字：一萬小時。當然，這並未說明為什麼有些人能練就出比別人更高強的本領，不過，沒有一個研究發現有哪個真正的世界級專家是在一萬小時不到的時間內練就而成。我們的大腦似乎需要這麼長的時間來吸收必要的知識和技藝，才能達成真正的精通。

兩位電腦業巨擘，昇陽電腦（Sun Microsystems）共同創辦人喬伊（Bill Joy），和微軟共同創辦人比爾．蓋茲，也是一萬小時理論的明證。誰能反駁他們的辛勤工作沒有帶來豐厚的報償？

正如葛拉威爾指出的，「練習不是等你變得專精後才做的事，而是練習能讓你變得專精。」

我完全不科學的觀察也支持這種看法。我們麥凱密契爾信封公司的業務代表似乎要經過幾年的辛勤工作後，才能達到他們事業生涯的巔峰。我相信這不只是因爲他們對工作已經更駕輕就熟，我也見過起初像是天生好手的業務代表，但卻無法把水賣給沙漠的旅人。

爲什麼？

他們以爲靠出眾的外表、迷人的個性或優秀的血統就能成功。投資一萬小時的觀念不適用於他們——或者，他們是這麼認爲的。我們永遠不知道答案，因爲他們已經不在麥凱密契爾信封公司工作。

你相信自己是天生贏家，可以輕鬆靠吃角子老虎賺錢嗎？聽聽誠實的林肯總統萬無一失的勸告：「等待或有所穫，但等到的不過是那些拚命三郎留下的殘餘。」

雖然你謹遵披頭四的精神，但不要只是埋頭努力工作，更要強迫自己在工作時，每一分鐘都要聰明工作。

麥凱箴言

一些人大做成功的白日夢，其他人則起而行。

快課一分鐘8

傲慢、沒有幽默感的人

在古希臘，年輕的阿爾奇畢亞德斯（Alcibiades）告訴培里克里斯（Pericles）該如何治理雅典。年輕人說話的語氣讓培里克里斯不禁感到惱怒，說：「孩子，我在你這個年紀時，說話的語氣就跟你一樣。」

阿爾奇畢亞德斯看著培里克里斯的臉回答道：「我多麼希望在你最棒的時候就認識你。」

這就是年輕人的傲慢。在這個故事裡，培里克里斯因為他的許多成就而屢被稱為「雅典第一公民」：他提倡藝術和文學、主張民主政治，他也贊助一項宏偉的建築計畫，包括大多數存留至今的衛城（Acropolis）建築結構，如帕德嫩神廟（Parthenon）。另一方面，阿爾奇畢亞德斯也是一位政治家和演說家。

從維基百科上兩人冗長的辭條敘述來看，歷史對於哪個人比較偉大仍然爭論不休，但培里克里斯顯然因為其許多成就而居上風。阿爾奇畢亞德斯在諾提昂（Notium）一役戰敗後，最終選擇了自我放逐。他失敗的原因在於他縱容人們對他懷有不切實際的期待，終至被斯巴達人打敗。

在字典中，阿爾奇畢亞德斯可能是「傲慢」的代表人物。傲慢意味極端驕傲或自負。傲慢導致一個人喪失現實感，這也是有權有勢者往往高估自己能力的原因。

近日報紙的標題就闡明了這種極端的傲慢：可恥的伊利諾州州長為自己在二〇一〇年的涉貪極力辯護；英國石油（BP）執行長在墨西哥鑽油平台爆炸、導致大量漏油之後幾天，還抱怨他想恢復平靜的日子。傲慢永遠存在，這種惡疾讓旁觀者厭惡的程度，超過染患它的自負患者。

29

悲憫：真正的關心

一位美國原住民爺爺告訴孫子他的感受，他說：「我感覺好像有兩隻狼在我心中爭鬥，一隻狼充滿怨恨、憤怒和暴戾；另一隻狼充滿愛和悲憫。」

孫子問他：「你心裡的哪隻狼會戰勝？」

爺爺回答他：「我餵養的那一隻。」

根據一種定義，悲憫是一種同感受苦的情感，渴望能減輕他人的痛苦，並且向受苦者表達某種特別的仁慈。悲憫基本上源自同理心。悲憫者視別人的痛苦如同自己的痛苦，並設法減緩這種痛苦。就這層意義來說，悲憫是黃金律（Golden Rule）的基石。

悲憫適用於哪些商業層面？它對企業獲利會不會產生不利影響？會不會讓我們的公司顯得軟弱、容易欺負？

答案是：全面，而且不會，絕對不會。悲憫與獲利並不互相排斥。反之，以人爲本和善盡企業公民責任的公司，成功的機會遠高於看重獲利過於人的公司。

我爲了《我們被炒魷魚了！這對我們來說再好不過了》一書訪問紐約市長彭博（Michael Bloomberg）時，他告訴我，他一輩子都不會忘記他被所羅門兄弟公司（Salomon Brothers）開除後，那些打電話給他的人。

「我記得每一個名字。」彭博說，「如果他們之中有人碰上麻煩，我會打電話給他們。人生難免有起有落，每當有人被炒魷魚或碰上大麻煩時，我總是打電話告訴他們我支持他們，如果我能幫得上忙，儘管開口。」

彭博很了解人在遭遇困頓時的心境。我總是不忘打電話給那些正陷於人生低谷的人，或想辦法盡我所能幫助他們東山再起。我相信悲憫應該成爲我們性格中非常重要的一部分。

悲憫與同理心有很大的不同。同理心會讓人說：「我很遺憾。」悲憫之心則會讓人說：「我會幫忙。」悲憫是一種真正的關心。

科學研究發現，悲憫有助身體健康。悲憫能刺激人體產生多一倍的去氫皮質酮（DHEA）——一種具有抗老化作用的賀爾蒙——還能減少二三％的皮質醇，即所謂的「壓力賀爾蒙」。

當你快樂時，也會讓別人更快樂。爲什麼？因爲悲憫的人更積極、更坦誠，也更單純。

悲憫的人會散發一種共鳴，讓四周的人樂於與他相處。每一個老練的業務員都知道，一個愉快的潛在客戶更樂於接納人，往往也更容易成爲重複購買的客戶。

孔子說，智慧、悲憫和勇氣是三種普世公認的道德（譯注：智、仁、勇三者，天下之達德也）。我不是大哲學家，但有誰會反對這句話呢？

麥凱箴言

幫助別人站起來不會讓你跌倒，還能輕易把他們拉到站在你這邊。

30

熱情：只有你能點燃它

史瓦伯（Charles M. Schwab）是最早賺取到年薪一百萬美元的經理人之一。別忘了，那是在一九二〇年代，而他的老闆是一個強悍的企業家名叫卡內基（Andrew Carnegie），向來以不浪費一塊錢聞名。史瓦伯如何讓卡內基心甘情願給他這麼高的薪水？史瓦伯掌管卡內基旗下的美國鋼鐵公司（United States Steel Company），在他的領導下，美國鋼鐵崛起成爲全美最頂尖的公司。

史瓦伯有什麼祕訣？他說：「我認爲激發部屬熱情的能力，是我所擁有的最大資產。而開發一個人最大潛能的方法，便是透過欣賞和鼓勵。我深信必須給人工作的誘因，所以我喜歡稱讚人，討厭挑人毛病。我眞心地給予讚許，而且毫不吝惜地稱讚我的部屬。」

汽車業鉅子亨利．福特也抱持類似的見解。在公司草創時期，即使經歷一次又一次的挫敗，福特仍然保持熱情。「擁有熱情，你就能做任何事……熱情是你眼中的光芒，腳步的輕快，握手的勁道，無法壓抑的強烈意志，以及執行創意時旺盛的幹勁。熱情是所有進步的根本！有了它，就能有所成就。沒有它，只剩藉口。」

「熱情是成功最強大的引擎之一，」美國散文名家愛默生（Ralph Waldo Emerson）寫道，「當你做一件事時，竭盡你的能力。把全部靈魂投入其中。在上面蓋上你個性的印記。要積極樂觀、要活力充沛、要熱情、要忠實，你就會達成目標。沒有熱情，無法成就偉大。」

有關人生似是而非的一項說法是，人都難逃一死。然而，不是每個人都能盡情活出自己的人生。太多人只是過著所謂「瀕活經驗」（near-life experience）的人生，他們一生只敢打短打，因為害怕，所以從未嘗試去贏得大獎……他們從來不知道擊出全壘打，甚或只是用力揮棒的美妙滋味。

志向要遠大。

我心目中的熱情贏家是一位九十三歲女士，我在前年聽說了她的事蹟。她堪稱是一位超級洛基。當媒體訪問她長壽和保持熱情的生活祕訣時，她滔滔不絕地談論起熱情的力量。「此外，」她眼中閃著光芒說，「即使我已經一大把年紀，我還有四個男朋友，而且我每天都會花時間和他們相處。每天早上威爾．鮑爾（Will Power，意志力）會叫我起床，早餐後我會和亞瑟．里提斯（Arthur Ritis，關節炎）散步，下午查理．胡斯（Charley Horse，腿部肌肉痙攣）一定會來拜訪我，到了晚上我會和班．蓋伊（Ben Gay，止痛藥）一起度過。」

我還需要多說什麼嗎？

麥凱箴言

熱情是點燃你生命的火花。

31

熱情：安可篇

我有機會第二度觀賞比利．克里斯托（Billy Crystal）的舞台劇《七百個星期天》（*700 Sundays*）時，這齣不可思議的單人秀深深震撼了我。克里斯托的表演精彩得無以復加。一個人怎麼能每天夜復一夜演出一齣挑戰秀，而且始終保持新鮮有趣？像東尼．班尼特（Tony Bennett）這樣的藝人如何能唱同一首歌五十多年，而且每一次表演都讓人感覺他比任何觀眾都更亢奮？他們是專業表演者，每一次表演都使出渾身解數，就好像那是他們第一次……或最後一次表演。他們的專注和熱情明顯可見。

我大學二年級時加入明尼蘇達大學高爾夫球隊，並代表學校到普渡大學（Purdue University）參加全美大學體育協會的錦標賽。爲了準備參賽，我天天練習打高爾夫球，打到我相信我的視覺神經只認得出綠色。但是我的成績始終沒有進步，我不禁興起打退堂鼓的念頭。

我們校隊的傳奇教練伯斯塔德（Les Bolstad）給了我這輩子最受用的建議，對我人生的啟發和達成目標的幫助可能超過任何其他事情。他說：「哈維，你的每一次開球、每一個接近球，以及每一次推桿和擊球，你都要對自己說，這是我最後一次開球，這是我打的最後一個接近球，這是我最後一次推桿。因此，這最好是我的最佳表現。」我把這套哲學應用在我的銷售生涯中。

我大半輩子都在做銷售拜訪前的自我練習，我對自己說：「這是我人生中的最後一次銷售拜訪，所以，我最好拿出最棒的表現。」

我從中體悟到當你像這樣強調自己的表現時，你的注意力也會隨之增強，然後你會對自己成功的表現感到驚訝。我一直把這套理論應用在許多事情上，像是當我發表演說時，我總是告訴自己：「這是我今生最後一場演說，我再也不會發表任何演說了。」我對自己施壓，永遠要拿出最好的表現。

演藝人員在發現自己失去新意時，常常使用這套心法。已故演員埃迪·艾伯特（Eddie Albert）是我很好的朋友，有一次他告訴我：「如果我不把每一次表演當作告別演出，它很可能就眞的會是告別演出。」

熱情是讓你比別人更賣力的活力來源，有了它，你才能出人頭地。

拿破崙・希爾（Napoleon Hill）在他的經典著作《成功的十六堂課》（*The Laws of Success in Sixteen Lessons*）中說，對人生充滿熱情是成功的根本要素。熱情令人充滿活力、新鮮感和備受激勵。希爾是我最欣賞的作家之一，他提及有些人天生充滿熱情，有些人則必須努力開發熱情。如何開發？他說很簡單：做你喜愛的事。

激勵大師金克拉（Zig Ziglar）是我認識最熱情的人之一，他說了一則他公司裡一位最頂尖的女性業務員（一千二百名業務員中最棒的那位）的故事。當她打破歷來的銷售紀錄時，金克拉問她是怎麼辦到的。她回答：「上帝造我時，忘了造『關掉』的開關。」天生好手的熱情活力永不枯竭。

記住，如果你對每天拜訪客戶不感興趣，別人會看得出來，不管你賣什麼產品，你的客戶都會感受得到你缺乏熱情。你最後會得到你給客戶的東西——一無所有。把你的開關「打開」，看看你能達成什麼！

麥凱箴言

熱情會傳染，開始製造瘟疫吧！

32

態度決定你的高度

你看到的是晴天，還是陰天？

每天醒來，你有兩個選擇。你可以選擇積極或消極以對；可以選擇樂觀或悲觀。我選擇樂觀。我看杯子是半滿，而不是半空。我發現暴風雨後一定是晴天；每個問題都有解決辦法。

這就像兩個旅行業務員陷入困境，而在蒙大拿的一個小鎮走到了山窮水盡的地步。他們需要錢才能繼續前進。他們聽說小鎮以每張二十美元的價錢收購狼皮，覺得活路就在眼前。那天晚上他們帶了兩根木棒和一些借來的補給品出發，在遠處的山腳下紮營。他們躺下睡著沒有多久就被一陣淒厲的狼嚎聲驚醒，其中一個人爬到帳篷外面，發現他們已被數百隻嗥叫的野狼包圍。他爬回帳篷搖醒他的同伴。

「快起來！」他叫道，「快起來！我們發了！」

這完全取決於你如何看待發生的事情。

你可以抱怨工作，你也可以感激自己有一份好工作。

你可以抱怨新軟體很難學，你也可以以興奮心情面對新挑戰。

你可以抱怨老闆無能，你也可以盡力讓你的部門成功。

你知道我的意思。

幾年前的夏天，一場可怕的龍捲風侵襲明尼蘇達州，造成大規模的破壞，某個城鎮完全被夷爲平地。許多人感到憤恨不平，但一位當地電視台攝影記者在災後捕捉到了稍顯不同的畫面，他拍攝到一個男人站在他被倒下的樹砸壞的汽車旁，滿臉微笑向開車經過的人招手，手上還舉著一塊牌子，上面寫著：「新款小型車」（new-style compact car。譯注：compact 有「擠壓的」的意思）。

臨時問答題：這類劫後餘生者最常見的情緒表達是什麼？「至少，我們人都平安」。幾個小時前他們完全沒有這種心境，奇怪的是，一陣風就能完全改變一個人的觀點。

有多少談銷售的書喜歡說這則故事：一家鞋公司派一名業務員到一個新興開發中國家，調查當地的潛在市場。他回國後報告說：「那裡沒有市場，因爲沒有人穿鞋子。」

這家公司決定再調查一次，這次派出一個比較樂觀的業務員。幾個小時後，電子郵件傳進來：「立即裝運鞋子……沒有競爭者。」

悲觀者不會增進你的生意，甚至連守成都做不到。他們讓周圍的人做起事來都更加綁手綁腳，更糟的是，他們的粗魯會得罪其他人。不管從哪個角度來看，每個人都是輸家。要鼓勵你的員工視每個業務挑戰爲機會，而不是問題。

我是個樂觀者。做其他任何一種人似乎都不會帶來任何益處。

——邱吉爾

西班牙蒙特塞拉特聖山（Montserrat）有一座修道院，那才是態度的一大考驗。這座位於四千英尺高山上的修道院擁有能啟發靈性的景觀，但裡面的僧侶必須一直保持靜默，除了每隔兩年他們只能說兩個字外。

一個年輕僧侶在經過頭兩年後，被請到院長的房間說話，他說：「床硬。」兩年後，這個年輕人又來見院長，這次他說的兩個字是：「難吃。」又過了兩年，年輕人乾脆對院長說：「我走。」

院長搖搖頭說：「我料到會這樣，你來到這裡之後，只是抱怨、抱怨、抱怨。」

別坐等老天爺來改善你的前景。有些人不管身處何種景況始終保持積極樂觀，反之，有些人始終消極以對。人生繫於觀點，你可以選擇。

麥凱箴言

眼睛要看著甜甜圈，而不是那個洞。

快課一分鐘9

小聯盟比賽的好處

五十年前，在我讓妻子卡蘿點頭說：「我願意」前，我們很認真地就彼此婚姻的基本原則，展開討論以期能拍板定案。

我們最終取得了共識。

凡是大事都由我來決定，小事都由她作主！

我的許多朋友都問我：「哈維，這怎麼可能行得通？」

我回答：「這很容易……我們還沒有碰過大事要決定。」

33 改變想法，改變人生

如果你看到什麼，就擁有什麼，那麼你會擁有什麼？

這一切取決於你看到了什麼。

有一個人走進鎮郊一家小餐廳，他告訴服務生：「我剛調職到你們的小鎮來，這是我第一次來這裡。這裡的人怎麼樣？」

「那麼，你來的地方人們怎麼樣呢？」服務生問。

「不怎麼和善。」那個人回答，「事實上，他們相當粗魯。」

那位服務生搖搖頭說：「那麼，你恐怕會發現鎮上的人也是這樣。」

又有一個人進來，坐在鄰近的桌子，他把服務生叫來，問道：「我剛到這裡，這裡的人和善嗎？」

「你來的地方人們和善嗎？」服務生問。

「噢，是的！我來自一個好地方，大家都很和善，我很捨不得離開。」

「那麼，你會發現這裡的人也一樣。」

第一個人聽到這句話很生氣，問那位服務生：「你老實告訴我，這個鎮上的人到底怎麼樣？」

她只是聳聳肩說：「這完全取決於你的認知。你怎麼想，事情就怎麼樣。」你的杯子是半滿，還是半空呢？你看到了什麼？即使你對自己的工作不盡滿意，你依舊熱愛你的工作嗎？或者，你任憑自己發洩那些不滿而向同事抱怨個不停？

廣播評論員保羅．哈維（Paul Harvey）曾說：「我從未見過爲悲觀者豎立的紀念碑。」悲觀者會把機會變成困難。當發生了不尋常的事，阿拉伯人說那就像小鳥奶般稀奇。而成功的悲觀者也一樣稀奇。身處逆境，你必須朝光明面看才會敢於冒險，而且無論成敗都能挺過來。你愈早接受成功與失敗乃兵家常事，你的事業和個人生活愈容易朝正確方向前進。

另一方面，樂觀者了解人生道路充滿險阻，但至少它能通往某處。他們從錯誤和失敗中汲取教訓，而且不怕再度失敗。他們知道被打倒後只要再爬起來，就沒有被打敗。

企業史上充滿歷經破產、公司倒閉和公開羞辱，最終仍然脫穎而出的成功人士。他們跟一般人唯一的不同點，就在於態度。

克服重大挫折的人相信自己，也相信周圍的人。辛勤工作、保持紀律，以及偶爾出現的稀有好運，得以讓他們持續勇往直前。因此，我們沒有理由不能像他們那樣。

卡內基（Dale Carnegie）在《如何停止憂慮，開創人生》（*How to Stop Worrying and Start Living*）一書中，提及一個年輕人因爲擔心自己，以致精神崩潰的故事。他擔心每一件事：他的體重、他的頭髮、他的財富，還有失去他鍾情的女孩，以及別人對他的看法。他擔心自己罹患潰瘍。最後，他的憂慮讓他無法工作，終至精神崩潰。

這個年輕人避見所有人，經常暗自哭泣。他決定到佛羅里達，看看改變環境能否改善自己的狀況。當他搭上火車時，父親遞給他一封信，叮嚀他抵達目的地才能打開。他在佛羅里達的景況甚至比在家時還糟糕。

最後，他打開父親寫給他的信。「兒子，你離家一千五百英里，但卻沒有因此感覺比較好，對吧？我知道你沒有，因爲你帶著困擾你的源頭離開，也就是你自己。你的身體或心智並沒有任何問題，也不是你碰到的情況困擾著你，而是你對這些情況的看法。『人心裡想什麼，就變成什麼。』等你明白了這一點，就回來吧！因爲你一定會痊癒。」經過深思後，他了解父親是對的。要改變的不是世界，而是他心智的鏡頭需要調整。

態度對銷售無比重要。當你試圖說服潛在客戶，或是設法成交一筆生意時，如果你的心態灰暗不振，想成交根本是難上加難。客戶會像X光一樣立即照出你的陰鬱。如果你對自己毫無信心，他們也會對你失去信心。

麥凱箴言

如果眼見才能相信，那麼多看光明面有益無害。

快課一分鐘10

沒有目標，永遠不會得分

有一次，我聽到一位數學老師在學校集會上宣布一個驚人的想法：「我希望你們全都失敗。」他對一群急著踏出校園去征服世界的高三學生說道，「因為不失敗，你們就不會把目標訂得夠高。」

過著渾渾噩噩、沒有目標的日子，是讓人一生得過且過的最好方法。這不是失敗的方法，而是原地踏步的保證。

佈道家舒勒（Robert H. Schuller）描述了四種人：

・第一種人是逃避現實者。他們不設定目標，也不做決定。

・第二種人是猶豫者。他們有美麗的夢想，但猶豫不定讓他們害怕回應挑戰。

・第三種人是退出者。他們先努力實現夢想，但一遭遇困難便舉白旗投降放棄。

・最後一種人是全力以赴者。這些勇者知道自己的目標，而且傾盡全力達成目標。

一切都從目標開始：贏家設定目標，輸家找藉口。

34

積極的自我：一切都在你的手指下

喜劇演員傑米．福克斯（Jamie Foxx）第一次會見雷．查爾斯（Ray Charles）時，傑米和他的童年偶像坐在一張鋼琴凳上，排演他在電影《雷之心靈傳奇》（*Ray*）裡的角色，這部電影後來為他贏得一座奧斯卡金像獎。他們彈奏藍調鋼琴，雷彈一節即興曲，傑米也呼應一節。然後，音樂大師開始彈奏起困難許多的曲調，傑米僵在那裡。雷．查爾斯打破沉默說：「它就在你的手指下，你只要了解這個就夠了，一切都在你的手指下。」

這個譬喻現在被傑米奉為人生圭臬。他知道自己需要的一切工具「都在他的手指下」。

膽怯是在嘗試新事物時，害怕出醜的自然反應，我們都害怕在眾人前面暴露出自己的弱點。但我在這裡要告訴各位，如果你不嘗試才是眞正的愚蠢。

賓州大學（University of Pennsylvania）的一位心理學家證明，樂觀者在商務、教育、運動和政治等各方面，比才智相當的悲觀者更容易成功。保險與金融服務業者大都會人壽

（Metropolitan Life）開發了一套測驗，在雇用業務員時用來區別樂觀者和悲觀者。實驗的結果十分驚人！樂觀者的銷售成績在第一年超越悲觀者二〇％；到第二年，差別擴大到五〇％。有哪個業務員或公司，不羨慕這個數字？我知道麥凱密契爾信封公司絕對想多找幾個這種樂觀者！

正確的態度加上把握機會的勇氣，是成功的關鍵因素。舉例來說，歐馬利（Patrick O'Malley）最早是一名卡車駕駛，但後來成爲一家大型販賣機公司的董事長。他的哲學是：「我相信，全方位擁有積極的心態是不可或缺的，而且要及早開始努力。」

我會在歐馬利的忠告上，再加上一句：及早開始努力永不嫌晚。別因爲直到此刻之前，你尚未實踐他的教導而感到沮喪。只要你還有一口氣，而且還能吸收營養，現在就是改變心態和尋找或創造機會的好時機。

人生是一連串的機會。一個經常遭人忽略的人生真相是：機會將因為你善加利用而倍增。

如果你忽視機會，它們轉眼就會從指間流逝。我並不精通園藝，但我知道細心栽培和照顧的玫瑰花叢會長出漂亮的花朵，忽視它的結果就只剩一團荊棘。你希望你的手指下有什麼東西？

如果發掘機會聽起來像是苦差事，那麼我向你保證：它的確是。曾有人告訴我：人生很辛苦，我反問：是和什麼比較？

我們生活在一個堪稱為一切都在「彈指」之下的時代。網際網路為我們帶來前所未見的契機，這是一場商業史上無與倫比的空前大爆炸。經由網際網路，我們得以到全世界拓展客源，同時線上教學也重新定義了學習。

「google」成了一個常見的動詞，讓人在彈指之間可以汲取任何想像得到的各種主題的資訊。這種立即可得各種事實與數字的便利性，一直讓我讚嘆不已，不過就在幾年前，這還需要一群研究人員花上數日或數週時間才能辦到。

我是一個永遠的樂觀者，堅信只要我們矢志不移，幾乎沒有辦不到的事。這種態度幫助我更加務實——我知道我絕不可能在大聯盟的世界大賽中擔任投手，但我可以當一家一流公司的老闆或主管。我放手一搏讓我的公司成長起飛，但是我從不回頭看。

雷・查爾斯赤貧出身，小時候即喪失視力。如果他能培養出一切「都在你的手指下」的積極態度，我們所有人實在不應該找藉口。我們這些不必克服眾多障礙的人，應該比他更樂觀才對。

協助詹森（Lyndon Johnson）總統打造「大社會」（Great Society）的加德納（John Gardner）下了一個完美的結論：「我們必須相信自己，但不要因此以為人生很輕鬆。」

麥凱箴言

每一個成就都始於決定「試試看」。

35

憂慮讓你錯失目標

我最近讀到一項調查指出，我們憂慮的事中有四〇%永遠不會發生；有三〇%已經發生，所以已無能為力；有一二%是為事不關己的事情而操心；一〇%與生病有關（不管是真的或想像的）；只有八%值得我們為其擔憂愁煩。我要加上一句，即使是那八%也不值得我們浪費精力去擔心。

你知道英文的「憂慮」（worry）是源自古英語裡的「勒死」或「窒息」嗎？這不難想像，人的確可能會因為憂慮而致死，或罹患心臟病、高血壓、潰瘍、精神疾病和各種危險病症。這值得嗎？

有些人以為憂慮是近來才有的現象，但我要提醒你：有關憂慮的忠告可以追溯到《聖經》。憂慮不是現代人的發明，只是我們必須找出一條解決之道，避免讓憂慮主宰我們的生活。我要在這裡推薦兩本好書。

第一本是舊書：卡內基的**《如何停止憂慮，開創人生》**。這本書出版於一九四八年，但書裡的忠告在二十一世紀看來，仍然和當時一樣清新、深具價值。事實上，它完全符合當下的需求。身為一個慢性病患，這本書有兩個章節讓我深感震撼，這兩章談論的都是企業人士如何在不加添憂慮的重擔下嘗試解決問題。卡內基讚揚冷氣機大亨開利（Willis H. Carrier）深得箇中三昧：

一、誠實地分析情勢，並設想可能發生的最糟情況。
二、做好心理準備，必要的話準備接受最糟情況。
三、然後，冷靜地想辦法改善你已有心理準備的最糟情況。

賓果！現在，你可以處理任何情況了。你知道自己該做什麼；最重要的就是去做，不必擔心。

另一個我個人偏好的卡內基方法，是一家大出版社主管里翁一度實踐的系統。他對沉悶又缺乏建設性的會議感到十分厭倦，因此提出一項規定，凡是要向他報告問題的人必須在會前先繳交一份回答以下四個問題的備忘錄：

一、你的問題是什麼？

二、問題發生的原因是什麼？
三、問題有哪些可能的解決辦法？
四、你建議採用哪種解決辦法？

里翁從此以後很少再看到問題，而且他也不擔心出現問題的話該怎麼辦。他發現部屬利用這個方法尋找可行的解決辦法，不必再花大量時間在無用的會議上。他估計因此而節省了四分之三的會議時間，使他的生產力、健康和心情都大為改善。他是在推託責任嗎？當然不是！他支付薪水讓那些人做份內的事，而且給他們絕佳的做決策訓練機會。

另一本好書是曾經高踞《紐約時報》暢銷書排行榜第一名的**《別為小事抓狂》**（*Don't Sweat the Small Stuff...and it's all small stuff*），作者是已故的理察・卡爾森（Richard Carlson）。我喜歡書中章節的標題，如：「不斷告訴自己『人生不是緊急事故』」、「練習忽視負面思想」，和我最欣賞的「拋棄『溫和、悠閒的人無法成就偉大事業』的觀念」。

木已成舟，操心無益。整天憂慮比整天工作更累人。

人經常忙於憂慮昨日或明日，以至於忘了今日。而今日才是你要面對的。

舉個拳擊手的故事為例，在拳賽最後一回合倒地計時十秒不起後，他被抬到了更衣室。

等到他恢復意識、知道發生了什麼事後，他對經紀人說：「我是不是讓他擔心死了？他以爲他把我打死了。」

現在，就卸下憂慮吧！

麥凱箴言

今日是你昨日擔心的明日。

幸運餅乾——積極能量

- 沒有一種事業不像演藝事業。
- 絕不要替別人說不。
- 偉大的業務員會激發買主看到產品的優點，就好像那是買主自己看到或發現到的。
- 對別人好，就是對自己最好。
- 當你決定讓自己快樂，你的生意自然也會跟著快樂。
- 還沒有人發明出更好的替代品，來取代溫良敦厚的性格。

- 不登高，就看不到景致。
- 從微笑後面看世界，永遠更美麗。
- 你的日子永遠沿著你嘴角的弧度走。
- 人不光靠麵包度日，偶爾還需要一點奶油（讚美）。
- 沒有任何東西比誠懇的讚美更能改善人的聽力。
- 如果你喜歡你的工作，工作就不是工作。

IV — 愈挫愈勇

36

逆境是最好的教育

人生不會一帆風順，會經歷許多顛簸和起伏。我從未見過有哪個成功人士不必克服人生逆境（我相信，本書多數讀者都會同意我的說法）。

有一所商學院研究四百位企業頂尖高階主管，將其與四百位事業生涯途中倒地不起的企業人士兩相比較，以找出究竟是什麼原因造就了成功者不同於失敗者。

教育不是主要因素，因爲有高中輟學者成爲企業經營者，也有陷入困境泥淖的企管碩士。經驗？那麼位居高位的人都應該年紀較長，但實際上未必如此。技術、社交手腕和其他數十項與工作生涯有關的因素也被一一檢驗，但這些因素都無法提出充分解釋。

那麼，哪一項特質是成功人士與失敗者最大的區別？堅持不懈。

每個人都會遭遇逆境，你如何去面對逆境、利用逆境，如何讓它減損你和增益你，都取決於你的心智習慣。總之，你必須接受發給你的人生牌，並且善用它們。

你可以訓練心智面對人生最艱困的挑戰，尤其重要的是，在需要用到這種習慣前先培養它。小孩子從童書《小火車做到了》（*The Little Engine That Could*）學到第一堂課。面對必須拉許多火車車廂上大山的挑戰時，大火車頭拒絕嘗試，最後一輛小火車頭同意試一試，它不斷唸著：「我——相信——我——可以，我——相信——我——可以。」等到達了山頂，小火車頭發出勝利的歡呼：「我就相信我可以，我就相信我可以。」

我想爲成年讀者稍稍修改這則故事，把一開始的反複誦唸改爲：「我知道我可以，我知道我可以！」

儘管在面對逆境時，我們一點也不覺得好，但是逆境確實可以帶來正面助益。逆境是考驗我們的機會。當事事順利時，抱持良好的態度、工作倫理和樂觀展望很容易；但我們要如何挺過艱困時期呢？

想想下列知名人物在面對極端逆境時，達成的驚人成就：

- 巴布．狄倫（Bob Dylan）在高中的才藝表演會上，被同學噓下台。
- 華特．迪士尼（Walt Disney）曾經歷破產和精神崩潰，但仍然堅持不懈，最終獲致極高成就。
- 雷利（Walter Raleigh）爵士在十三年的牢獄生涯中，完成巨作《世界史》（*History of the World*）。

・馬丁・路德（Martin Luther）被囚禁於瓦特堡（Wartburg Castle）期間，翻譯了《聖經》。

・但丁（Dante Alighieri）在被判處死刑，流放外地的二十年間，創作出《神曲》（*Divine Comedy*）。

・海倫・凱勒天生殘疾，一輩子無法說話，聽不見也看不到，但她後來以其魅力和智慧成爲馳名全球的作家，也是一位積極的活躍人士。

我們必須衝破面對的困境，否則將與勝利絕緣。人之所以成功是因爲迎戰困境，而且由此獲得力量和技巧。他們不走阻礙最少的道路。逆境是最好的老師。

林肯總統說：「我最關切的不是你失敗與否，而是你是否安於失敗。」很少人像林肯那樣很早就備嚐失敗的痛苦，但他仍然被公認爲是美國歷來最偉大的總統之一。

當你感到氣餒時，當你似乎達不到目標時，有一種東西是你最需要的，它是成功的無價成分，叫作「努力不懈」。你必須永不放棄。不經一番寒徹骨，哪得梅花撲鼻香。

當命運朝你丟來一把匕首，你只有兩種方式接住它：抓住刀鋒或是刀柄。

有一位老農夫一生飽嚐常人難以承受的磨難，儘管如此，他從未失去幽默感。

「你為什麼還能保持快樂和平靜?」一個朋友問他。

「這並不難,」老農夫眼中閃著光芒說,「我只是學會與無法避免的事合作。」

「與無法避免的事合作」讓我們能抓住逆境的刀柄,把它當作工具使用,而這正是逆境原來的用途。

麥凱箴言

逆境使一些人屈服,使另一些人創新紀錄。

37

克服對「不」的恐懼

被拒絕是人生的一部分，不論你是有沉重業績壓力的業務員，或是希望能與超級名模約會的害羞宅男，任何人都無法豁免。但你不能因爲害怕被拒絕而裹足不前，否則你將爭取不到任何銷售訂單或約會。

和大多數人一樣，羅賓森（Jonathan Robinson，現在是一位專業演講家和作家）年輕時非常害羞，而且深以爲苦，尤其在面對女性時，更是如此。唸大學時，有一天他決定要徹底改變自己害羞的習性，他拿出五十美元交給一個朋友，並告訴他：「除非我在今天結束前被十個不同的女人拒絕，否則不要把錢還給我。」

他的目的是克服對被拒絕的恐懼，用錢當作激勵。羅賓森走過校園，尋找可以約會的女生。第一次時，他結結巴巴幾乎說不完他的邀約。被問的女生以爲他在自言自語，沒有理會他。一會兒後，他稍微冷靜了些，情況也開始好轉。

然後，出乎意料的事發生了，他鎖定的第七個女生同意跟他出去。羅賓森吃驚得說不出話來，但他設法記下她的電話號碼。第八個女生也答應他的邀約。

他總共拿到了六個電話號碼，後來不得不刻意抑制自己的魅力，以達成十次被拒絕的目標，好拿回他的五十美元。他最後不但拿回錢，約到好幾個女生，還克服了被拒絕的恐懼。我並不推薦羅賓森克服被拒絕的方法，但你必須設法了解自己最大的恐懼往往源自於之前的某些創傷。

我在事業生涯早期，還在爲創立自己公司而打拚時，我列出了一張目標客戶清單，其中一些很快成交，另一些則遠非我能力所及。這張清單後來成爲驅策我邁向成功的動力來源，它讓我眞正去傾聽潛在客戶的聲音，看出我該怎麼做才能從「不用了，謝謝」，變成「我該在哪裡簽字」。

我從中領悟到：你無法逃避被拒絕，但是你可以放手，不受其宰割。這需要重新調整心態，以下是一些我獲益良多的練習：

- **把想法攤在顯微鏡下，加以剖析。**面對挑戰時，你都對自己說了什麼？「我不夠好」……「這太困難了」……「我永遠辦不到」？別讓負面思想危害你的態度。客觀地衡量情況，很可能你會發現自己不過是在杞人憂天罷了。徹底耗竭掉非理性恐懼的力量。
- **找出自己究竟在恐懼什麼。**你在害怕誰？可能會出什麼差錯？知識就是力量，所以要釐清事實：誰有權力拒絕你？爲什麼那個人說不？這些答案可以幫助你準備最佳的提案，而正視它們將幫助你保持從容不迫。

・**專注在當下。**保持專注。被拒絕的感覺只會持續一會兒，一旦克服後，你就能繼續前進到下一個機會。克服自己的恐懼是令人振奮無比的事，所以好好享受你的勝利吧！

・**要更果斷自信。**大多數對被拒絕的憂慮，源自想獲得別人的讚許。別把你的自尊建立在別人的看法上。學習適度表達你的需要，並對你眞的無能爲力的要求說「不」。大家會尊重維護自己權利的人。

麥凱箴言

別視被拒絕為失敗，把它想成是你下一次光榮勝利的彩排。

快課一分鐘 11

傲慢的七個致命徵兆

以下是業務員傲慢的七個致命徵兆：

一、「我們的產品不用推銷就賣得很好。」

二、「在我們的銷售團隊中，對我來說唯一重要的人是我的主管，或至少跟我能力相當的人。」

三、「誰在乎我們競爭對手的客戶經理擔心職位不保，正在找新工作？我只聽副總裁以上的人傳達的訊息。」

四、「我不需要到我們的工廠走動，這種事就留給那些製造部門的步兵去做。」

五、「你永遠無法從比你弱的競爭對手身上學到東西。」

六、「我們永遠可以把某某人當作靠山，要求他的推薦。我可能有幾個月沒跟他說過話，但他絕不會忘記我們兩年前是怎麼挺他的。」

七、「客戶抱怨不重要。那些電子郵件都是一些怪胎寫的。」

38

搶先打敗拒絕

不論你做什麼，別把拒絕當作是針對你個人，它可能跟你完全無關。

一家慈善機構的董事前去拜訪一位百萬富豪，這個人過去五年來沒有捐過一毛錢給他們。當訪客談及他的社會責任和義務時，這位百萬富豪打斷他的話說：「等一等！難道你們的檔案紀錄裡沒有註明我的父親已經九十歲，每個星期都要到主治醫生的診療室報到一次？我的兒子已經離家工作兩年了。我還有一個寡婦姊姊，有五個孩子嗷嗷待哺。好，如果我連他們都不幫忙，我爲什麼應該要幫助你？」

這位百萬富豪並未批評來募款的訪客，他是直截了當拒絕捐款的觀念！當你撞上石牆時，別浪費太多精神或時間跟牆過不去。

史班（Warren Spahn）是一位鬥士，在長達二十一個球季的職棒生涯中，他贏得的比賽領先大聯盟史上任何左投。但他必須先克服菜鳥投手登板初期的不穩定問題。一九四二年，他被降級到小聯盟。二次世界大戰服役陸軍期間又損失了四年。因緣際會下，他因爲突出部之役（Battle of the Bulge）而獲頒勳章。來到職棒生涯中期，他的快速球不再有威力，史班改弦易轍發展出了多樣化球路，又持續困惑打者十餘年。他永遠在順應改變，永不放棄。

當人生陷於逆境，要採取積極的行動。

我們生活在一個一切追求速成的時代。對人生抱持「樂觀進取」的態度和採取「不畏險阻」的策略，能讓你立於不敗之地。但是挫折有可能讓你陷於困境中，這時候你必須抱持堅持不懈的態度。你必須保持彈性，不只必須保持彈力，還必須不斷彈回來。

在找銷售工作嗎？別氣餒！現在就採取行動，拿起電話，上網搜尋，瀏覽徵才廣告，廣投履歷。利用你的名片夾或電子通訊錄把訊息傳出去。要逆向思考，大多數人認爲最好的求職季節是春季，年初的就業市場總是有許多機會，因爲大家會在拿到年終獎金後才跳槽。

別因爲你沒有完美的開始而感到氣餒，也別因爲沒有一從學校畢業就開始領高薪、擁有專屬辦公室而感到難過。這種得來容易的成功只是少數例外。反而因爲這種成功未經考驗，一定很脆弱；經過奮鬥獲致的成功遠爲美好。

強化你的積極反應能力。

別忘了爲事業打下穩定基礎的重要性。有時候，你最渴望的東西未必會成爲通往勝利的入場券。在席維斯．史特龍的洛基之前的洛基——洛基．馬西亞諾（Rocky Marciano）——是唯一從未輸過任何拳賽而退休的重量級世界拳王。出生於麻州布洛克頓的洛基小時候就展露傑出的體育天分，在許多運動項目上表現優異，尤其是足球和棒球。由於他的偶像是偉大的狄馬喬（Joe DiMaggio），他夢想能在大聯盟打棒球。如果當初這個夢想成眞，他可能免不了會和巨投史班同台較勁。

但是，洛基未能在棒球場上嶄露頭角。他曾在芝加哥小熊隊的雷格利球場（Wrigley Field）參加選秀，不幸落選。之後，他換了好幾個工作，也參加業餘運動，直到決定在拳擊場上發展。他接受魔鬼訓練，但直到二十五歲才轉進職業賽。這對拳擊手來說是相當遲的進入年紀，而且幾乎保證會失敗以終。

運動作家雷德．史密斯（Red Smith）如此描述他：「在他的詞彙裡沒有懼怕，痛苦對他也不具任何意義。」洛基在一場又一場的比賽中獲勝，從初試啼聲一路過關斬將，最後在二十九歲時獲得挑戰拳王的機會。在與華考特（Jersey Joe Walcott）對打的頭十二回合比賽中，洛基在台下三名裁判的計分上都落後對手，但他卻在第十三回合逆轉勝，擊倒華考特贏得拳王頭銜。

你不能讓早期的障礙阻止你。

約翰．吉爾古德（John Gielgud）可能是英語世界裡最偉大的演員，但是他的表演老師在看過他的第一次舞台表演後，要他放棄當演員的志向。

「你走起路來像是得了軟骨病的貓。」那位老師當著他的面，這樣告訴他。不過，就和所有贏家一樣，吉爾古德把早年的挫折拋到腦後。你，也應該這樣。

麥凱箴言

失敗不是跌倒，而是不爬起來。

39

無知者不知道自己無知

不久前，我趁在牙科診所候診室等候的空檔，拿起了一本《時人》（*People*）雜誌翻閱，讀到其中一篇文章論及兩位心理學家所做的傲慢研究，我發現他們的研究結果印證了我多年前就提出告誡的一個駭人事實：「人不知道自己不知道。」

心理學家丹寧（David Dunning）和克魯格（Justin Kruger）對康乃爾大學（Cornell University）的學生進行一系列測試，測試項目從邏輯推理、文法到會意笑話的能力。他們比較人們對自己能力的評價和實際的表現。「整體來看，人會高估自己。」康乃爾大學心理學教授丹寧說道，「那些表現最差的人，最可能認爲自己比別人行。無能的人不知道自己無能。」

傲慢自大是人類所有能摧毀事業的缺點中，最致命的一項。它是我們最容易合理化，也最難辨識的特質。

西南航空（Southwest Airlines）創辦人暨榮譽董事長凱勒赫（Herb Kelleher）指出，傲慢是成功企業最大的威脅。他說：「企業對自滿最沒有抵抗力，尤其是處於成功顚峰的公司。」凱勒赫曾在一年一度寫給員工的信中說：「最大的威脅是我們自己。我們絕不能讓成功培養出自滿、驕傲、貪婪、怠惰、冷漠、執迷於無關緊要事物、官僚作風、好爭吵的習性，或對外界造成的威脅無動於衷。」

鐵達尼號的船主需要的就是這種警告。他們不惜巨資打造一艘絕不會沉沒的郵輪，但船上的主管卻對蒐集航線上可能遭遇的安全威脅資訊掉以輕心。郵輪的桅桿上有兩個瞭望台，但瞭望台上沒有望遠鏡，船員瞭望的距離不夠遠到能對危險採取反應，而且即使看到問題逼近，也沒有方法可以把資訊傳遞給船長知道。

後來發生的事大家都知道了，這艘號稱永不沉沒的遠洋郵輪在從歐洲到紐約的處女航中，帶著船上大部分乘客葬身海底，成爲撞上冰山悲劇的犧牲者。只要我們稍不留神，企業也很容易發生類似的悲劇。因此，我們必須留意市場上的競爭。

已故管理顧問暨作家彼得．杜拉克（Peter Drucker）曾說：「歷史上最有群眾魅力的領袖，是希特勒、史達林和毛澤東。但，眞正重要的是領導力。群眾魅力幾乎肯定是一種錯誤的領導力，一來是它掩飾了空洞的內容；二來是它創造了傲慢；還有，萬一不成功時會製造出偏執。」

別混淆了傲慢，和不管是在運動、商業，或是人生等領域上，眞正的勝利者從內在發出的自信。他們舉手投足間所流露出的自信，都在告訴對方：「我有超越你的優勢」，或是「碰上我，你不可能贏」。內在的自信可以驅策一個人把能力發揮到極致。這需要許多的努力和經驗，才能進階到這一步。如果你逞匹夫之勇，一定會犯錯。

有一則非常經典的故事闡明了這一點。牧師、童子軍和電腦業主管三個人，搭乘一架小飛機去開會。大約離目的地還有一半航程時，機長來到機艙宣布飛機即將墜落，不過四個人卻只有三具降落傘可用。

機長說：「我要用一具降落傘，因爲我有妻子和四個小孩。」說完，便往下跳。

電腦業主管說：「我應該用降落傘，因爲我是世界上最聰明的人，而且我的公司需要我。」他也跳出飛機外。

那位牧師轉向童子軍，悲傷地微笑說：「你還年輕，而我已經享受過了一段很長的美好人生，所以你用最後一具降落傘，我就跟著飛機一起墜落。」

童子軍說：「牧師，放輕鬆！那個世界上最聰明的人剛才背了我的背包就跳出飛機外面了！」

麥凱箴言

我知道你不知道，但你不知道自己不知道。

快課一分鐘12

克服拒絕：屢試不爽的祕訣

- 接受批評，但別把批評放在心上。
- 要了解：每十次挫折就能換一張重大勝利的門票。
- 分析每一次的失敗，但絕不要沉溺其中。
- 別亂了陣腳，而讓這一次的失敗擾亂了你專注應付下一次比賽。
- 記住：沒有人可以取悅所有人。
- 別為難過找理由，說：反正你也不是很想成功。
- 總結你學到的東西或教訓，以及你會如何運用它，以免重蹈覆轍。
- 讓挫折激勵自己，去嘗試你準備了好幾個月、等著採用的新方法。

- 別自以為你已被貼上失敗的標籤，走起路來彷彿穿著寫了我是失敗者的衣服。
- 失敗了，別擔心；你不再參加比賽才該擔心。

40

東山再起

爵士天后比莉・哈樂黛（Billie Holiday）常打趣說：「我老是復出歌壇，但卻始終沒有人告訴我，我去了哪裡。」今天，各方名流想捲土重來顯然要困難許多，觸法後尤然。人們也許會忘記，但網際網路的記憶力卻好得驚人，汙點會遺留萬年。眞是這樣嗎？兩位超級名流推翻了這個法則。

垃圾債券天王米爾肯（Michael Milken）和創意生活女王瑪莎・史都華（Martha Stewart），都演出了轟動一時的絕地大反攻。你可能認爲自己絕不會坐牢，不過他們面對逆境的方式仍有許多值得我們學習。面對社會大眾的質疑和嘲諷，兩人都證明了他們是推銷自己新身分的大師。

時任紐約檢察官的朱利安尼（Rudy Giuliani）用一連串違反證券交易的相關罪名起訴米爾肯，米爾肯俯首認罪並被判刑十年，但二十二個月後獲釋。他被諭令支付六億美元和解金與罰款。

出獄後，米爾肯真正的苦難才要開始。獲釋幾週後，米爾肯被診斷出罹患前列腺癌。他接受治療並徹底改變生活方式，最後打敗了病魔。但米爾肯並不以此為滿足。

米爾肯重新調整他的抗癌之役。他創立前列腺癌基金會（Prostate Cancer Foundation），成為全球前列腺癌研究最大的金主。他的管理專長促進了前列腺癌研究的進展。專家說，他是降低癌症死亡率的一股力量。《財星》雜誌以他為封面人物，稱他為「改變醫療的人」。

瑪莎．史都華的故事則大不相同。她在自家廚房裡進行見不得人的股票交易當然不是小事一樁，人們從她身上看到的傲慢觸怒了社會大眾。一場群情激憤的審判過後，有些人很樂於看到瑪莎屈服在法律下。

瑪莎．史都華原本可以在牢裡安逸度日，但是她在監獄的院子裡搜尋蒲公英和其他沙拉作料。瑪莎開始鉤針編織，她也閱讀和練習瑜珈。在她與世隔絕之際，施樂百（Sears）和凱瑪（Kmart）百貨達成合併協議，並把瑪莎的產品放在更顯眼的貨架位置上。對一個監獄女清潔隊員來說還真不賴。

捲土重來不會自然發生，需要周詳的規劃和銳利的眼光，讓自己充電學習，以及改變人們對自己的看法。

- **要勇於承擔後果和改變自己。**在許多人眼中，瑪莎．史都華做了許多蠢事，但她做對了一件事。她很快服刑期滿，並把這場災難拋到腦後。她知道每浪費一天在訴訟上，她的信譽和資產損失就更慘重。

・**贏得最大敵人的心。**猜一猜：哪個人絕不會是米爾肯的支持者？如果你猜是朱利安尼，那你就大錯特錯了。朱利安尼和我一樣，都是前列腺癌的倖存者。朱利安尼曾寫道，米爾肯對抗前列腺癌的努力，使他變成了「一個深具影響力的鼓吹者。米爾肯不只挺身面對致命的疾病，也全力幫助許多人面對前列腺癌」。行善，世界將會因此而改變。

・**尊重公眾的意志。**米爾肯與前列腺癌症患者建立關係；瑪莎．史都華則與女性獄友共患難。當潮流與你相抗時，要順應潮流。這個道理無論大事或小事都適用。舉例來說，你的俱樂部打算提高會費，你是唯一反對的會員。但是會費提高後，你率先繳納漲價的會費。大家不會記得你曾經是個吝嗇鬼，反而會認爲你是個以團隊爲重的人。

・**扭轉人們對你的記憶。**米爾肯原本會以華爾街的惡棍在歷史上遺臭萬年，但他努力改變形象，希望自己變成下一個諾貝爾（Alfred Nobel）。米爾肯很可能達成他的目標。

麥凱箴言

跌倒時，謙虛是上上策。

41

當心幾個「四字經」

某些英文「四字經」（four-letter words）在商場上完全無利可圖。反之，有許多還會危害生意，甚至危及你能否在商場上生存。

我們在此說的四字經並不是指罵髒話。聰明人早早就把這些常見用語從他們的詞彙中剔除掉了。我舉出下列幾個最令人不悅的英文四字經，甚至用例句來解釋，以避免大家犯下這些常見的錯誤。

・**不能（can't）**：例如：「我們辦不到。」或是「你不要期待我們可以趕上那個期限。」你的客戶會找上門，是因爲他們認爲你能做到他們要求的事。如果你眞的做不到，必須誠實告知，而且要協助他們找到能完成任務的人，即使對方是你的競爭對手。客戶會記住你爲了讓他們滿意所做的額外付出。

・**很忙（busy）**：「我現在很忙，不能做那件事。」或是「等我不忙的時候，會打電話給你。」你的客戶最不想知道的就是他們在你的名單排名上竟然吊車尾。你可以說你需要時間把事情做好，或者你願意降價來交換他們的耐性。但絕對不要讓他們感覺到，比起你的其他客戶，他們只是不重要的小咖。

．**無趣**（bore）：「這個專案眞無趣。」或是「那些細節眞無趣。」失業才無趣。不妨試著從你服務的每個客戶中找出你感興趣的事物。精明的業務員總是這麼做。人生苦短，不能在索然無趣中虛度。

．**一樣**（same）：「我們幾年來都採用同樣的方法。」或是「老樣子，老樣子。」如果你幾年來一直都沿用一樣的方法做事，那是你用錯方法的明確跡象，也許該是你尋找更好、更新方法的時候了。人會改變，科技會改變，你的客戶不會要求你把頭髮染成紫色，或穿你孩子的牛仔褲。但他們的業務會改變，他們希望你也能跟著改變（或指引改變的方向）。你應該問自己：爲什麼還繼續沿用一樣的老方法做事。

．**安全**（safe）：「穩紮穩打」。在棒球場上，安全上壘很重要，但在商場上，你必須準備好冒一些風險。冒險最讓人害怕的原因之一是做了不見得會成功，但與其用無趣、一成不變、安全的方法，只要經過審愼的評估，我寧願隨時承受風險。有時候，不冒險反而危險。要把成功率提高到三倍，有時候你也必須把失敗率增加到三倍。

．**粗魯**（rude）：這裡不需要任何例句。你絕對沒有任何藉口可以對同事、客戶或街上的陌生人粗魯無禮。你的行爲是拿你的名聲做賭注，而你一定不希望自己臭名遠揚。

・**卑鄙**（mean）：你承擔不起做人如此。客戶的生意和推介將決定你的孩子能上哪所大學，你能過哪種退休生活。如果這些都還不能讓你變得和藹可親，我不知道還有什麼可以。

・**不是**（isn't）：「那不是我的工作。」業務員的工作指示裡，總是包含了每個滿足客戶的最小細節。你必須做好份內事，這也是你爲什麼會對客戶變得價值非凡的原因。千萬別因爲自我感覺太過良好，而放過了做新事情的機會。職場階梯爬得愈高，跌得愈深，所以你必須每一級階梯都踩得踏實。

・**害怕**（fear）：「我害怕我們衝得太快。」或是「我最害怕的是我們不能達成目標。」這些只證明一件事：你沒有做好準備。常識、深入研究和可靠的建議，應能平息你的害怕到合理的水準；知道哪些是可接受的風險，也應該會有所幫助。如果你最害怕的是下雨會毀掉戶外的促銷活動，那就規劃室內活動。如果你害怕供應商會延誤產品的生產期限，那麼另覓更可靠的供應商。掌控情勢！

・**不吃虧**（last）：「人善被人欺（Nice guys finish last.）。」我認爲自己是好人，而且我討厭被人欺負。但爲了贏得下一回合，我必須吃幾次虧。我每一次都會從吃虧中學到一些教訓。

麥凱箴言

木頭和磚頭可以打斷你的骨頭，但這些「四字經」會危害你的生意。

42

奔向高峰

電影《奔騰年代》（*Seabiscuit*；譯注：英文片名也是電影中一匹賽馬的名字「海餅乾」）強調忠誠的主題，但也刻劃動人的現實。這部電影於二〇〇三年上映，片中另一匹名叫「聰明瓊斯」（Smarty Jones）的賽馬讓社會大眾為之瘋狂。這匹馬的血統源自二級賽馬場，但牠幾乎就要贏得三冠王的頭銜。聰明瓊斯鼓舞了全世界的賽馬運動，也讓很少觀看這種皇室運動的人血脈噴張。

除了體型略小和平凡無奇的血統外，聰明瓊斯和海餅乾有許多共同點。牠們都有一個籍籍無名的騎師，和對頂尖賽馬圈不甚熟悉的訓練師。牠們的主人都曾經是響叮噹的商界人物，但對賽馬卻是一無所知。海餅乾的騎師瞎了一隻眼睛，聰明瓊斯兩歲時曾在起跑門前頭部受到猛烈撞擊，差一點傷及腦部。

然而，在費城公園長大、外表毫不起眼的聰明瓊斯，只以十英尺之差與三冠王失之交臂。牠在貝爾蒙特（Belmont）的一英里半「冠軍考驗」賽中，被一匹名叫「鳥石」（Birdstone）、原本不被看好的賽馬打敗。那天的觀眾創下紐約歷來觀看運動比賽人數最多的紀錄，觀看聰明瓊斯灰姑娘之賽的電視觀眾人數也大幅暴增。

雖然成功不見得都在意料之內，但是成功的達成幾乎總是取決於正面思考。

二〇〇四年NBA決賽開打時，電視播報員麥可斯（Al Michaels）在開場白裡提到，根據大多數專家的看法，底特律活塞隊（Pistons）打敗實力強大的洛杉磯湖人隊（Lakers）奪冠的機率，小於鳥石跑贏聰明瓊斯。湖人隊後來有四位球員榮登名人堂。

底特律隊立即要求球員必須齊心合一、加強防守、緊迫盯人，和更無私的傳球，而且要求教練提出更靈活的戰略，力求在五場比賽中打敗湖人隊。在NBA史上，一支隊上沒有任何明星賽球員的球隊要奪下NBA冠軍，幾乎就和棒球隊裡的左撇子捕手一樣罕見。我當時舉出了六項活塞隊展現出來的優點，相信我，我其實還可以舉出更多。

在媒體報導這兩則因積極思考勝出的新聞前一個月，米克森（Phil Mickelson）贏得了象徵名人賽冠軍的綠夾克，這是米克森第一次贏得高爾夫大賽冠軍，這是過去惡意批評他的人說他絕對辦不到的事。他們把經典運動猴（sports monkey）的標籤貼在他背上，上面寫著：「他絕對贏不了大賽」。但是，他辦到了。然後，在接下來的美國公開賽和英國公開賽兩項大賽中，米克森始終名列前茅。看到米克森在名人賽後穿著綠夾克、高舉獎盃、另一隻手抱著小女兒，有誰會不深受感動？

要再聽一則企業故事來振奮你嗎？不久前，運動鞋製造商彪馬（Puma）因爲連續八年虧損，財務岌岌可危。他們有一間倉庫裝滿了一百五十萬雙沒有人要買的球鞋。彪馬決定聘請當時二十九歲的濟茲（Jochen Zeitz）來力挽狂瀾，並在他三十歲時正式任命爲執行長。濟茲把彪馬從銷售運動裝備轉型成爲販賣設計師運動服的公司，將彪馬重新打造成引領全球運動時裝風潮的品牌。到二〇〇七年春季，彪馬的市值已超過七十億美元，成了法國奢侈品製造商兼古奇（Gucci）母公司PPR集團友善併購的對象。

不妨再聽一則鼓舞人心的東山再起故事。已故的拉蘭內（Jack LaLanne）二〇一一年以九十六歲高齡去世，他是所有健身天王的祖師爺，曾主持一個電視運動節目長達四十年之久，從一九五〇年代持續到八〇年代。許多年後，他的節目於二十一世紀初在ESPN經典頻道上重新播出，重現在新世代觀眾眼前。

麥凱箴言

只要環顧四周，你會發現光明處處可見。

43

從自我懷疑找出自信

成功的業務員幾乎總是被描述成超級有主見和自信，完全沒有一絲懷疑。和大多數刻板印象一樣，這種描述會造成誤導。譬如，毫不懷疑的業務員不容易發現客戶的懷疑，以及感同身受。懷疑這種難纏而折磨人的態度，是最難對付的客戶本色。

但，重點不在於消除懷疑，而是管理懷疑，轉而使其有利於自己。

威爾．史密斯（Will Smith）不管從好萊塢的哪個標準來看，都稱得上成功。他是葛萊美獎饒舌歌手得主，從一部大受歡迎的電視影集發跡。他曾兩度提名奧斯卡最佳男演員獎。他主演的電影中，曾經連續八部電影的票房超過一億美元。他也是電影及電視製作人。你可能不知道他曾獲得ＭＩＴ的入學許可，但未註冊就讀——沒錯，麻省理工學院（Massachusetts Institute of Technology）。

成功的祕訣之一可能大出你的意料之外，就是具有建設性的自我懷疑。

威爾·史密斯拒絕逃避自己的恐懼，並以積極正面的態度善用懷疑。每當恐懼襲來，他不是逃避，而是迎面正視。他說過一則年輕時發生在牙買加的故事：當他看到人們從一座高聳的懸崖跳到海中，讓他感到既驚奇又害怕，因爲他是個旱鴨子。但是他並沒有讓不會游泳這個事實阻撓他，他走到懸崖邊，幾分鐘後便往下跳。顯然，他毫髮無傷才能於日後訴說這個故事。

他的恐懼主要源自於害怕自己無法達到母親與祖母的高要求。他專心一意努力達到她們的期望。威爾·史密斯至今仍然會出現輕微的自我懷疑，尤其是爲了達到他所愛的人的期望時。

威爾·史密斯在一次訪談中談到他的恐懼，他說：「我已學會利用恐懼；轉換圍繞在恐懼四周的負面能量，讓它變成一種挑戰。我因爲懷疑自己的能力而力求進步，驅策自己變得更好。我學到駕馭自我懷疑是成功的關鍵。」

我必須承認，有時候我會質疑一個決策，或在恐懼的作祟下無法理智地回應問題。我力求外表保持冷靜自若，但其實我暗自祈禱好運降臨。大多數時候，我都能心想事成，不過有幾次我還是被自己愚弄了。

那些不盡如意的結果可以提醒我：傲慢的代價何其高。某種程度的自我懷疑有助建立強健的銷售心理，而且絕對不可或缺。有效的自我懷疑是克服被拒絕的必要條件，尤其是突然碰上高風險、高銷售報酬的地雷時。誠如法國作家勒納爾（Jules Renard）所言：「有些時候，凡事盡都順利；不過，別害怕，它不會永遠持續。」眞是一針見血！

合理的懷疑讓你保持平衡，得以避免失控的自信變成致命的傲慢。自信讓你得以持守你會成功的信念。傲慢卻讓你無法理智地務實檢驗自己的決策，而這往往會導致災難。

前第一夫人伊蓮娜．羅斯福（Eleanor Roosevelt）曾說：「每當你停下來認眞地正視自己的恐懼，你都能從中獲得力量、勇氣和信心。你可以對自己說：『走過這場可怕的經歷，我可以面對未來的任何挑戰。』你必須去做你以爲自己做不到的事。」

這正是每個高業績業務員檢驗客戶接受度的「水溫」、逐步擴大交易與合約機會的方法。每一次你決定把價格提高一點點，或提議一系列的新產品，或基於客戶的評價而決定提高一樁交易的條件，你都在重新評估原本以爲確定無疑的事。

麥凱箴言

毫不懷疑地質疑你的決定。

快課一分鐘13

身體力行勝過一切

全美冰上曲棍球聯盟（National Hockey League）有一句話說：「你不能騎著板凳贏得光榮。」換句話說，你無法屁股黏在板凳上贏得聯盟最有價值球員的哈特紀念獎（Hart Trophy）。

對銷售來說——正如人生中的每一件事——每天身體力行的經驗無可取代。如果你是大聯盟球員，你可以在練習區練習揮棒一千次，但這絕對無法取代觀眾席上有四萬名球迷、屏息看著你面對王牌救援投手投出的變速球。

我十九歲時代表明尼蘇達大學出賽在普渡大學所舉辦的NCAA高爾夫錦標賽，而且自信滿滿，以為自己會成為下一個霍根（Ben Hogan）。可是，傑努瑞（Don January）和范圖里（Ken Venturi）這些來自南方的對手，徹底粉碎了我的夢想。

我母親要我坐下，並向我解釋人生的真相：「哈維，你從七歲開始打高爾夫球，跟其他人開始的年齡相當，不過這裡的天氣無法讓你整年都能練習，所以你每年打六個月打了十二年，而他們每年則打十二個月打了十二年，七十二個月的實戰經驗絕對打不過一百四十四個月。所以，你最好尋找別的夢想。」

銷售也是一樣。在你的銷售骨架還在繼續成長和保有彈性的階段，叫賣檸檬水和女童軍餅乾可以給你許多被拒絕和振奮士氣的教訓。要及早進入競賽場，而且要常常參加競賽。

44

輸掉該輸的戰役以贏得戰爭

紐約洋基隊偉大的球員曼托（Mickey Mantle），對批評他在大聯盟生涯中曾被三振達一千七百一十次的人說過一句話。

「它們在某些人看來可能只是三振，但對我來說，每一次三振都差一點是全壘打。」

兩項最受美國人歡迎的運動對失敗很寬容。在美式足球，十碼的推進可以嘗試四次。如果第四次嘗試能推進十碼，誰在乎前面三次失敗？在棒球，即使你三次揮棒都沒有打到球，如果捕手掉了球，你還是可以跑到一壘。

所有父母都曾碰過孩子在嘗試達成目標時，感到氣餒、想要放棄的情況，例如：學騎腳踏車。我們都會天人交戰，一方面想避免他們的痛苦，一方面又知道必須鼓勵孩子克服恐懼，他們才能成長。

我們該怎麼做？二者都做。我們擦乾他們的眼淚，扶他們坐回腳踏車上，並鼓勵他們繼續嘗試，一次又一次直到學會。當孩子逐漸長大，父母不在身邊爲他們撞傷的膝蓋包紮繃帶時，我們希望那些早年的經驗能沿用至更艱難的處境中。

如果你從事銷售工作，你知道被拒絕的滋味是什麼。

我記得，我在銷售生涯初期曾連續被六個潛在客戶拒絕。在我準備走出第六個大門時，時間已是傍晚，外面下了一整天雨。我又濕又疲累，對自己很惱怒。那是事事不順心的日子中的一次。

如果我已談成一小筆交易，我會馬上打道回府。但是，我並不想整個晚上都在回想白天的運氣不濟，第二天早上還得面對空白的訂單簿。我決定再打一通電話，就一通，就像學騎腳踏車時一樣，再試一次。結果，我談成了當時最大的一筆業績。每個業務員都有類似的故事。

要放棄很容易。失敗帶給你的教訓不只是「嘗試、再嘗試」，也包括「嘗試其他方法」。

我還沒見過能把東西賣給每一個人的業務員。

約翰是一位不怎麼成功的牧師。他受到召喚前往老舊內城地區一間教會牧會。由於大多數教友已遷居郊區，週日崇拜只剩寥寥可數的基本會眾。約翰試盡一切辦法想提高出席率，但全都不管用。

街坊的年輕人不上教會，但約翰知道他們就在附近，因爲他可以聽到他們手提音響播放的音樂。

「我要怎麼接近這些年輕人呢？」約翰自問。他聽到了回答：音樂。喧鬧的音樂。大多數「上教會的人」討厭、但附近街坊孩子會喜歡的音樂。

約翰開始在週六晚上舉辦音樂會，經過多次宣傳後，他們抓到了訣竅。不久後，他吸引了坐滿教會的人潮。他並沒有向一般教友宣傳，但他知道消息總會傳出去。所以某個週六晚上，當他看到一位對教會頗具影響力的老教友艾斯渥來參加聚會時，他一點也不驚訝。隨著音樂的聲音愈大，艾斯渥臉上的表情也愈發痛苦。聚會過後，艾斯渥要求在約翰的辦公室碰面。

「牧師，我討厭那種音樂。我無法想像有誰會喜歡，但顯然就是有這樣的人。二十年來，我們教會從來沒有這麼多會眾，你告訴我要多少錢才能讓這個計畫繼續下去，我保證幫你弄到這些錢。」

艾斯渥說到做到。雖然他從未跟著大家又唱又跳，但他過世的時候，送葬的行列中有不少當初被音樂計畫吸引到教會來的年輕人。約翰的教會現在被視爲典範，證明垂死的內城教會也可以轉型成充滿活力的大教會。

上天在賜予人外貌和才能這類天賦時不一定公平，但沒有人天生就具備決心和品格，你必須自己去培養它們，一旦這麼做了，你就能擁有人生提供的所有獎賞。

麥凱箴言

「努力嘗試，至死方休」的意思並不是不知變通。

快課一分鐘14

女性不再是弱者

我們的社會正在改變，女性佔了：

・藥學系畢業生的六五%。
・審計系和會計系學生的六二%。
・法學院學生的四四%。
・醫學院學生的四六%。
・近幾年企管碩士（MBA）的四一%。

在二〇一〇年，女性佔耶魯醫學院入學學生的四九%，也佔耶魯法學院學生的四九%。

女性商務旅客人數在未來五年，將趕上男性商務旅客人數。

女性創業家人數增加的速度是男性的二到三倍，視不同的產業而定。而我稱如下現象為下一波的女性稱霸時代：女性創業家雇用的員工數超過所有財星五百大公司的總員工數……以及最近五年內，女性企業主的人數已經超越男性企業主。

銷售向來被視為男性至上主義者的避難所。聰明的銷售策略會尊重和反映改變中的統計數字。

45

拒絕認輸

「這是我這輩子最悽慘的一天，我一定是瘋了才會以為我辦得到。」

這是我的助理葛瑞格．貝利（Greg Bailey）幾年前夏天爬科羅拉多州維爾區（Vail）聖十字山（Holy Cross）時說的話。聖十字山是科羅拉多出了名的「一萬四峰」（海拔高一萬四千英尺的山峰）之一。他帶著兩個兒子參加一支登山隊，當作聯絡父子感情的活動之一，他以為這不過是一趟輕鬆的健行或探險。

等葛瑞格走了八個多小時的山路下來，體力漸漸恢復後，他的觀念徹底改變。他想再爬另一座一萬四峰……當然，是等他完成更好的裝備訓練後。

他告訴我，爬山是他這輩子做過最艱辛的事情。他從未如此考驗自己，從未逼迫自己到這個程度。

沒有人，包括我，能阻止他第二年再去攻頂。他們父子倆又攻下了兩座一萬四峰：科羅拉多州最高峰薛曼山（Sherman）和第二高峰馬西福山（Massive）。

在準備第二次的登山攻頂時，葛瑞格在明尼亞波利與聖保羅附近的滑雪度假中心展開多項訓練，他艱辛地上下山坡無數次。葛瑞格相信訓練會大有幫助，但成功與否仍然取決於他多麼想達到目標。他相信要攻頂成功，充沛的體能只佔一半原因，另外一半則全視一個人的意志力而定。在海拔一萬四千英尺的高峰跋涉近七英里後，他必須說服自己的身體繼續攻上頂峰。他辦到了，但他說登山隊每個人都曾懷疑自己有沒有能力或意志力可以登上頂峰，或完成十四英里的路程。

爲什麼有人會驅策自己達到更高的水準？是什麼原因讓他們嘗試其他人認爲辦不到，甚至認爲瘋狂的事？是興奮、冒險、刺激或只是想接受挑戰？是什麼原因促使人成功？是純粹的決心？完成一件事的興奮感？渴望有所成就？還是，堅持不懈的意志力？

我很早就學到世界上有三種人：

- 我要；
- 我不要；
- 和我不行三種人。

第一種人成就各種事。第二種人反對每一件事。第三種人每一件事都失敗。

我記得精通高爾夫球心法的尼可勞斯說過：「我在想像推桿時從未失手過。」同樣的道理也適用在網球上，前美國戴維斯盃教練瓊斯（Perry Jones）說：「重要的不是你如何握球拍，而是你抱持什麼樣的心態。」

每一場比賽、每一個工作，或者就葛瑞格來說，每一座山，都是一場考驗人心志堅強與否的戰鬥。獲得同伴的支持和鼓勵固然有幫助，但最後的成敗仍操之在己，因爲面對山的人是你。有時候你必須在感覺最糟的時刻，拿出最好的表現。贏家會阻斷痛楚，而採取必要的行動求勝或把事情做好。找藉口很容易，任何人都能編出一套。但是，不成功便失敗，就是這麼簡單。

《洛杉磯時報》（*Los Angeles Times*）報導了一項針對一百二十位美國頂尖藝術家、運動員和學者長達五年的研究，這項研究的領導人芝加哥大學（University of Chicago）教育系教授布倫（Benjamin Bloom）說：「我們原本預期會看到許多人擁有驚人的天賦，可是我們的研究發現完全不是那麼一回事。這些人的母親屢次提及，比較有天賦的是家中的其他小孩。」

研究的結論出人意表，也就是這些成功人士成功的共同因素不是天分，而是驚人的拚勁和決心。他們有堅強的心志。他們決心要有所成就，而且說到做到！

我的朋友塞斯曼（Joe Theismann）是華盛頓紅人隊（Washington Redskin）的四分衛，八〇年代連續兩屆出賽超級盃。他的球隊贏了一九八三年的超級盃，但在第二年痛失冠軍寶座。今天，他的手上同時戴著冠軍戒指和輸球的戒指，以提醒自己態度和努力的重要性。

在奪冠的那年賽事裡，塞斯曼因爲能打入超級盃而興奮不已，並激發出自己最好的表現。然而一年後，情況卻出現了一百八十度的大反轉，他說：「我抱怨天氣、我的球鞋、練習時間，每一件事。」他的心思只圖便利與安逸，勝過竭盡所能打球。翌年，他的心志不再強健如昔。塞斯曼說：「兩個戒指的不同，在於專心一意和只求最好的表現。」

把目光放在獎賞上。如果專注在如何奮戰上，反而會看不到目標。

永遠有一座山等著你去爬。

想像那座山上演著兩個部落之間的戰爭，其中一個部落聚居在較低的山地，另一個部落則聚居在較高的山區。有一天高山部落突擊低地部落，大肆掠奪了一處村莊。在襲擊中，他們綁架了一個低地家庭的嬰兒，把他帶回高山上。

低地部落對於遭受的損失大爲激憤，決定不惜一切代價搶回被綁架的嬰兒，但是他們不知道怎麼樣才能通往高山，對高山部落所走的路徑一無所知，也不知道如何找到高山族，或在陡峭的山區追蹤他們。即使如此，低地人仍然派出了由部落中最驍勇善戰的戰士組成的搜救隊，希望能把被綁嬰兒救回來。

他們嘗試了一個又一個登山方法，但都失敗以終。經過多天的努力，他們好不容易成功爬上只有幾百英尺高的地方。徹底絕望的低地人覺得自己不可能成功，無奈地準備返回部落。

當他們收拾東西準備下山時，突然看到那個嬰兒的母親朝他們走來。他們靜靜地望著她，意識到她是從先前他們爬不上去的山區走下來。

接著，他們看到被綁架的嬰兒繫在她的背上。他們驚訝地看著她。這怎麼可能？第一個跟她打招呼的人說：「我們爬不上這座山，而妳是怎麼辦到我們這些村子裡最強壯、最能幹的壯漢都做不到的事？」

她聳聳肩回答：「因爲他不是你們的小孩。」

麥凱箴言

唯一關鍵在於，你是否說你辦不到。

快課一分鐘15

信心遊戲

每年大約有六週，從十二月底持續到隔年二月初，足球迷可以大飽眼福：大學盃比賽、美國職業足球聯盟決賽，以及最後的超級盃。當然，這也是一年一度決定誰是贏家和輸家、誰勝出和誰被淘汰的時候。

花幾分鐘想想每年比賽中的輸家。這些失敗的球隊當初也是千辛萬苦才打進這些比賽的。是什麼原因導致這些傑出的隊伍遭到淘汰？主要原因可以追溯到在這類稱為「信心遊戲」的賽事中，球隊或球員出現了瞬間的信心崩潰。

傳奇的阿拉巴馬大學美式足球校隊教練布萊恩特（Paul Bryant），在長達三十八季的球季生涯中，最後以贏得三百二十三場勝利退休。「大熊」布萊恩特常說，贏家隊伍的成員需要五種東西：

1. 告訴我你期待我有什麼表現。
2. 給我表現的機會。
3. 讓我知道我做得好不好。
4. 我需要的時候給我指引。
5. 根據我的貢獻獎賞我。

贏家需要直接的資訊。我們常常會聽到業務員抱怨，他們得不到持續的信心支持。信心當然很重要，在關鍵時刻正確而清楚的指引也很重要。在背水一戰時，確定自己仔細聆聽了正確的訊息無誤。

幸運餅乾──彈升

- 讓再次努力嘗試變成你的第二天性。
- 成功沒有規則，但你可以從失敗中學到許多東西。
- 被打倒並不等於出局。
- 失敗的致命破壞力就像成功一樣不持久。
- 相信自己，即使沒有人相信你。
- 被拒絕時不要灰心喪志。

- 別在急流上檢查你是不是帶了救生圈。
- 衡量一個人成功與否，與其以地位，不如以其一生爲了追求成功，克服了多少障礙來衡量。
- 過去的失敗往往提供最好的裝備，讓人賴以獲得未來的成功。
- 如果不是被迫走上艱辛的道路，我這輩子絕不會有任何成就。

  ——潘尼（J. C. Penney）
- 人會被小石頭絆倒，卻絕不會被大山絆倒。
- 失敗與成功的差別在於一個「幾近正確」地做事，一個則是「完全正確」地做事。
- 當你倒地時，唯一能看的方向是往上看。

- 人在比賽中的表現會顯露部分個性；而輸掉比賽的表現則會將其個性展露無遺。
- 只要倒退走，就絕對不會踢到腳趾。
- 別被人生的顛簸淘汰出局。

V —— 昂首闊步

46

決心是貴重資產

眞正的專家懂得在壞日子來臨前先激勵自己。他們從不同角度看待工作，工作不僅只是一種謀生手段，更是構成高品質生活的重要組成。他們與眾不同的態度、責任感、合作與成就，使得他們不管身處哪個組織都珍貴無比。

瓊安是一位忙碌的房地產經紀人，除了有個和樂的家庭外，她也爲教會管理和主持一個頗具規模的慈善募款會，並且投入時間協助孩子的學校。不管面對什麼工作，瓊安總是抱持把工作做好的態度，這爲她贏得了所有共事者的敬佩。她是不是有用不完的精力？不，她甚至不是早起的人。她的祕訣是什麼？「我每天都有整整二十四小時可以讓生活變得比昨天更好。」如果我說瓊安是一頭騾子，她可能會大笑。

決心這種「靜默」的資產雖然看不見，卻可能展現可怕的力量。

順便一提，騾子喜歡牠們的工作，所以表現傑出。如果牠們發現自己老是做一成不變的事，牠們會固執地讓自己脫身。這種沉默的決心在企業界是珍貴的資產。克服險阻的能力往往是成功與破產的差別。

騾子──穩定、有決心，能把事情做好的員工──和等重的黃金一樣有價值。別把可靠、每天把該做的事做好，誤認爲是缺乏創造力。最常發現獨創性做事方法以解決日常問題的人，往往就是像騾子般值得信賴的人。他們知道事情運作的方法。騾子知道伍迪．艾倫（Woody Allen）所說的「八〇%的人生只是炫耀」的眞諦。

麥凱箴言

在任何時候當騾子都勝過當驢子（ass，笨蛋）。

快課一分鐘16

團隊合作的魔力

一位業務員在暴雨中開著車行駛在鄉下兩線道公路上，不小心陷進水溝中。他要求一位農夫幫忙。農夫把業務員的汽車套在他的瞎眼騾子艾爾摩身上，喊著：「拉，山姆，用力拉！」騾子一動也不動。他再度大喊：「拉，貝茜，拉。」還是沒動靜。「拉，傑克森，拉。」還是不動。最後他喊：「拉，艾爾摩，拉。」艾爾摩立刻把汽車拉出水溝外。

業務員鬆了一口氣，然後問農夫：「我不明白，為什麼你要喊那麼多不同的名字。」

「是這樣的，如果牠以為沒有其他幫手，牠連試都懶得試！」

47

最好的聽眾

有多少人會自言自語？當你讀到這裡時，可能會對自己說：「是我嗎？我才不會自言自語。」

有人認為自言自語的人是瘋子，但這絕對是大錯特錯。自言自語的人競爭心強，他們往往是想讓自己變得更好。

我隨時都在自言自語，因為當你這麼做時，你是在教導自己。那是給自己持續、立即且未加過濾的回饋的機會。你每天二十四小時可以跟自己連線，而且完全免費。

數十年前，當我創立麥凱密契爾信封公司時，我和自己做了許多激勵性的對話。為了維護我自己的創業夢想永不止息，我必須這麼做。我有一帆風順的時候，但也遭遇到許多挫折，我很需要鼓勵，然而總不能都倚賴別人的鼓勵！所以我不斷告訴自己情況一定會好轉、我辦得到、我很適合這個工作。經過四十多年和印過無數信封後，我很高興我聽了自己說的這些話。

我對這個主題做了一些研究，發現心理學家所稱的「內在談話」早在小孩剛學習說話的十八到二十四個月大時，就已經開始。它有兩個目的：第一，幫助小孩練習語言技巧；以及第二，讓他們回想白天的經驗（我們也別忘了它能帶給偷聽的父母多少樂趣）。小孩從小學起，從自我交談轉移到人際溝通。

「許多父母認爲小孩自言自語是社交上不適宜或古怪的行爲。」著名的伊利諾州立大學（**Illinois State University**）心理學教授、《喚醒兒童心智》（*Awakening Children's Minds*）一書作者柏克（**Laura Berk**）說：「其實那是典型的正常行爲，而且我們發現經常會展開與困難任務相關的內在談話的小孩，通常他們的表現也會與時俱進。」

我百分之一千同意。遺憾的是，隨著孩子長大，他們開始減少自我對話。也許是因爲社會用怪異眼光看待這種行爲。但是，我所說的自我交談並非不安全感或神智錯亂的徵兆。

傾聽很重要。在你對自己說話時也不例外。

我透過自我交談來幫助我思考及釐清思緒，也許更重要的是，激勵我自己。

傑克・康菲德（**Jack Canfield**）是暢銷書《心靈雞湯》（*Chicken Soup for the Soul*）系列的共同作者，他說研究顯示，一般人平均一天自言自語數千次！

不過，這項研究有個缺點，那就是這些談話百分之八十是負面的，諸如：早知道就應該這樣做或說，還有自己的缺點、恐懼……等等。這些負面思想對我們的行為有極大的影響。但，你可以改變它們。

我建議每個人一生都要繼續自我交談。我要你們問自己：我做得如何？我是否做到我的承諾？我要你們在簡報或與潛在客戶一對一談話後，評估自己的表現。告訴自己你可以做得更好，而你做得很好的又是什麼？以及下次展開銷售拜訪或與下一個客戶見面時，你會怎麼做？你必須點燃自己的熱情。

和許多事情一樣，你有兩個選擇。你可以藉自我交談讓自己成功或失敗、感覺良好或糟糕、做負面思考或正面思考。選擇權在你手上，但是你可以訓練自己把自我交談當作一項正面有益的工具。你可以決定腦子裡的對話對你有益或有害。記住，你可以說服自己擺脫負面思考。

態度就是一切。你必須建立自己的信心和正面能量。專注在可能發生的最佳狀況，而非最糟狀況。太多人說服自己放棄好點子。就讓你的思想帶領你去你想去的地方吧！

麥凱箴言

傾聽內在的聲音——它有很多話要說。

48

進入忘我之境

我們常常聽到運動員在經歷了絕佳表現後，提到他們進入了「忘我之境」。一旦進入這個境界的奇妙時刻，完美的表現似乎自然湧現，一點也不勉強。

籃球員說，當他們進入這種境界，籃框變得似乎比大穀籃還大，投籃時得心應手。已故波士頓紅襪隊傳奇強打威廉斯（Ted Williams）則說，當他進入忘我之境，一切事物看起來都特別清晰，他似乎可以看到迎面投來的球上的縫線。

前澳洲網球明星拉佛（Rod Laver）說：「當你打得很好時，你會有一種很棒的感覺，從球網另一邊飛來的球大到好像一顆足球，所有事物彷彿都在以慢動作移動。你感覺好像要怎麼揮拍迎擊都行。你信心滿滿。你完全放鬆。一切都聽命於你。」

你不一定是運動員才能進入忘我之境。爵士音樂家說，當他們融入演奏中，幾乎就像是樂器自己在彈奏。歌劇歌手有時候會突然體驗到一種超凡境界，而唱出了以前從來無法唱出的高音或低音。

薛恩柏格（Lawrence Shainberg）在《紐約時報》上撰文寫道：「進入『忘我之境』就是處在一種表現『超越正常或平時』水準的時刻……『忘我之境』可以是一時現象，也可能是一種不可思議的突破，可以持續多年不輟。」

企業和員工也可以進入忘我之境。你可以感覺得到，一切都像行雲流水，一切都得心應手，錦上還會添花。

最重要的問題是：你如何讓自己進入忘我之境？如果我們可以想出方法，這個世界將爲之改觀。我們能做的就是設法做些讓自己最可能進入忘我之境的事。試試下列建議：

· **全力追求卓越。**一心渴望要成爲最好，勉強過關還不夠。想進入忘我之境的人渴望得到教導和指引，他們想學得更多。他們尋找更強勁的競爭對手。想成爲最好沒有輕鬆途徑。

· **努力不輟。**要成爲人上人，你必須願意投入時間和精力，以及做出必要的犧牲。看看那些偉大的運動員；他們是最苦心孤詣的一群——費德勒（Roger Federer）、大小威廉絲姊妹（Serena and Venus Williams）、萊斯（Jerry Rice）、詹姆斯（LeBron James）、關穎珊、基特（Derek Jeter）、鈴木一朗，和米婭·哈姆（Mia Hamm）……。他們勤奮不輟，努力改進自己。

· **效法完美。**我曾說過，完美的練習能創造完美。練習無法臻於完美，你必須再加上「完美的」。如果練習錯誤的觀念，你只是在練習一種缺點，只會設限你的表現。去研究那些表現最傑出的人，汲取他們的優點。然後，實際照著做。你必須做好贏的準備。

・**散發信心。**信心結合了從練習正確的觀念學來的心智和身體技巧。信心能讓你發揮出最佳表現，而且毫無懼怕地一展才能。教練無法告訴球員要有信心；信心必須發自內心。

・**專注。**只要全神貫注，你就能完全控制自己。偉大的運動員在直視挫敗的臉時，依然保持鎮定和專心。永遠不要喪失你的沉著。

・**保持最佳狀態。**疲累會讓人變得膽怯。疲累也會讓人施展不出自己的技能。當你疲倦時，你的問題看起來會變大。在艱困的比賽中，最後能勝出的往往是狀態最佳的運動員，而非最有才華的運動員。

・**在壓力下依舊保持良好表現。**要當冠軍，就要學習應付緊張和壓力。不過，如果你的身心都已準備好，就沒有擔心的理由。贏家期待有壓力。

・**熱愛所做的事。**那麼，工作就不再是工作，你這一生永遠不必再工作一日，這是我一本書的副書名。你必須熱愛自己做的事情，並傾注熱情，才會具體落實前述各項。當你進入忘我之境，你就能戰無不勝，攻無不克。

麥凱箴言

當你進入忘我之境，也就登上了王者之座；一切都在你的掌控之下！

快課一分鐘17

卸下壓力

一位演講者在向聽眾解釋壓力管理時，舉起一杯水問：「這杯水有多重？」回答的人的答覆從二十公克到五百公克不等。

演講者回答：「絕對重量不重要，這要看你嘗試舉著它多久。如果我舉著杯子一分鐘，一點也不成問題。如果我舉一個小時，右手會痠痛。如果我舉一天，你們就得叫救護車了。不管是哪種情況，裝水的杯子的重量都相同，但我舉的時間愈久，杯子似乎就愈重。」

他繼續說：「壓力管理的道理也一樣。如果我們隨時背著重擔，遲早這個重擔會變得愈來愈重，最終將我們壓垮。和這杯水一樣，你必須偶爾把它放下來，休息一下後再舉起。等我們恢復了活力，又能再次背起重擔繼續前行。」

如果你能接受有時候你是鴿子、有時候又是雕像，那麼你就能卸下許多壓力。

49

讓自己喘口氣

當我還是個年輕的業務員時，我從一位老前輩那裡學到的許多教訓之一是：偶爾讓自己休息一下。老鳥業務員往往用稍事休息來慶祝勝利，那正是有一天下午我所做的事。我從高爾夫球道下來剛好碰到一位舊識，他從信封業的戰國時代起就是我的競爭對手。

「查理，我只希望你剛剛拿到的那筆大訂單不是我的客戶。」我說。

「是才怪，我連賣一袋十個信封給寫連鎖信的怪胎都賣不了。」

「那你怎麼會大白天還跑來這裡打球，而不是去拜訪客戶？」

「因爲如果你很衰，就是很衰；如果你很旺，就是很旺。我得放鬆一下，才能找回之前擋不住的旺。你還覺得今天的推桿很行嗎？」

既然有人下戰帖，我們倆又在果嶺上推了幾桿，結果他從我手上賺走了三十五美元。

「謝了，哈維，我又重振雄風了。如果你現在能給我那個你很擔心被搶的客戶的名字，我明天就能上戰場了。」

「你別做夢了，查理！休息時間到此結束，謝謝你的推桿課。」

我以為他是瘋了才不出去拜訪客戶，但我愈細想這件事，就愈明白自己沒有把優先順序搞對。在銷售、運動、賭博和股票市場，我們以百分比來計算成功。

然而如果我們專注在百分比上，就看不到這些百分比數字是如何達成的：它們無一定規律可循，而是時斷時續，或持續一段時間，或以噴發的方式出現。

看出你的旺運期，並善用它們。

傑出的棒球員打擊率可以達到三成，也就是說每上場十次就能擊出三支安打，或是每週能擊出七或八支安打。不過，偉大的打者有許多時候每週揮不出七、八支安打，只能揮出二或三支，這時候是他的低潮期。有些時候他的手氣又特別的旺，打起球來得心應手，打擊出去的球自己會躲外野手；他能看清投手投過來的球上面有多少縫線。在這種時候，他每週可以揮出十二、十三或十五支安打，讓他變成打擊率三成的打者。

偉大的運動員也無法解釋為什麼他們有時候表現的特別好，或特別壞，但有一件事可以確定，聰明的人在他們進入「忘我之境」時，一定讓自己留在上場名單裡。

我絕不會忘記洋基隊第一個捕手皮普（Wally Pipp）的故事，有一天他告訴教練：「我感冒了，讓那個小子上場。」那個小子是賈里格（Lou Gehrig），而且他絕不會重蹈皮普的覆轍。那是賈里格連續出賽二千一百三十場的第一天；他直到死後才退出上場名單。

當球隊教練走向投手丘時，他不會是去恭喜投手表現傑出，而是要確定他是不是快要輸球了，是否該換投手了。連續揮出好成績，不僅限於個人。

連續走旺或走衰，也發生在群體的集體行爲上，即使群體成員彼此意見紛歧。股價代表了成千上萬買家和賣家相衝突的看法，但重大的股市指數震盪只集中在少數幾天。不要追問我數字，但我記得讀過著名的「80／20」原則也適用於股市。重大的波動——八〇％的股價波動——發生在二〇％的交易日裡。

如果你從事銷售，不妨回想自己業績表現最佳的那段期間。你在那一週有什麼不同的作法？我不知道球員或業務員是否比一般人迷信，但每個領域的成功人士往往會特別注意自己表現傑出期間的條件和環境，並想盡一切辦法維持或複製。

不過，不同於球員，如果你從事銷售，而且處在高峰期，我建議你還是得換襪子。

麥凱箴言

別把連續的好運變成僅此一次的好運。

50

低潮心理學

只要看看任何一天的報紙運動版，你很可能會發現某個球員或球隊正經歷多年來最慘淡的低潮期。但低潮的發生不僅限於運動，它們也出現在報紙頭版或商業版。

房地產市場和零售業也會碰上大蕭條。華爾街的低迷對許多企業來說是利空消息。好萊塢媒體分析師經常大嘆電影票房低迷不振。

政治人物知道，他們當選的機率會隨著支持率滑落而下跌，而投票率的下降往往顯示選民對政治的冷漠或厭惡。垂頭喪氣的單身漢會抱怨他們的約會氣氛冷淡。

儘管這些情況都很糟，我仍然對於那些合約金可能高得不合理的職業運動員滿懷同情。他們該如何應付報紙和部落格大篇幅報導他們長期低落的表現？那些報導會激勵他們有更好的表現嗎？

強棒漢克・阿倫（Hank Aaron）說：「我的座右銘是永遠繼續揮棒。不管我是處於低潮期或是感覺糟透了，還是在球場外面不甚如意，我唯一要做的就是繼續揮棒。」

演員法蘭克．藍吉拉（Frank Langella）把他的部分成功歸功於事業遭逢的低潮：「幫助我最多的是我的失敗和低潮——當我無法工作、別人對我沒興趣，或拒絕我的時候。」

傳奇的波士頓塞爾提克隊教練奧爾巴哈，曾描述他如何勸導華頓（Bill Walton）走出一九八五至八六年間球季的低潮。照例身兼球隊隊長的華頓，就是得不了分。奧爾巴哈告訴華頓得多少分不重要，他在乎的是華頓對球隊的貢獻。奇妙的是，經過那次談話，華頓再度恢復得心應手的狀態，表現大幅改善。

「他變得更放鬆，」奧爾巴哈說，「他不再老是看自己得多少分；他只看：『我們贏了嗎？』」

假如你正陷入銷售的低潮，那就回歸基本面。拿出你設定的目標，檢視你是否按表操課確實執行計畫以達成目標。如果答案是「否」，那就修正你的作法。如果你確實執行了，那就表示你需要一個新計畫。你拜訪潛在客戶的次數夠多嗎？你交給客戶的是他們需要和想要的東西嗎？你是否承諾過頭而令客戶失望？

會陷入低潮往往是因為沒有做好簡單的基本功。在你怪罪其他原因之前，先檢討自己的作法。

任何低潮都是你自己的低潮，事出必有因，絕非偶然。你可能必須工作得更賣力些——或要再加大把勁——直到你想出扭轉情勢的辦法。

如果你自己想不出解決方法，不妨要求一些值得信賴的同事提供建議。反省自己是否心胸夠開放，準備好面對率直的批評。你希望得出好結果，不是嗎？

專注在你希望的結果上，別被不相干的事情分了心，而打亂了思緒。萬丈高樓平地起，只管開始。除非你每件事情都做錯了，否則沒必要從零開始。

積極向前看。如果你成功過，沒理由無法東山再起。信心是你能否重振雄風的重要因素。你的技能都還在，雖然你可能必須以不同的方式使用它們，或者需要更進一步發展這些技能，然而你永遠不會忘記它們。

永遠的樂觀者貝拉（Yogi Berra）應該能激勵你：「我沒有陷入低潮，我只是……我只是沒有擊出安打！」

麥凱箴言

低潮可能讓你表現低落，但是除了向上走，你無處可去。

51

通過關鍵時刻

我二十六歲時走進通用磨坊（General Mills）董事會，與另外四家廠商展開激烈競爭，希望能爲麥凱密契爾信封搶下生意。我了解所有我想說的事，但是我突然感到有些迷惑。然後，我開始結巴，支支吾吾說不出話。我沒有做好抗壓的準備，讓自己在壓力下依舊保持良好表現。

過去五年，有關「窒息」（choking）的研究文獻多到可以讓一群河馬窒息，各式各樣的專家從不同觀點解釋發生在比賽場上，或會議室裡的窒息現象。

用谷歌搜尋一篇二〇一〇年刊登在科技雜誌《連線》（*Wired*）上的文章：〈領口太緊：壓力下令人窒息的新科學〉，作者是杜伯斯（David Dobbs）。文中討論的是「在壓力下有哪些因素會激發和摧毀良好表現」，並指出運動員大腦裡出現哪些功能失常會「導致恐懼的大聯盟球員打球像業餘玩家」。

在關鍵時刻出差錯讓許多原本穩健的業務員慘遭滑鐵盧，搞砸了數百萬美元交易的順利成交。

芝加哥大學心理學教授貝洛克（Sian Beilock）這類科學家，以嚴格的科學分析檢驗窒息，指出：「典型的窒息似乎是因爲俗稱的『想太多』或是『優柔寡斷』所致。」

「這裡指的是微調後的推桿、瞄準再投球，以及倘促的罰球。」當貝洛克要求足球明星「注意運球時哪一隻腳的哪一邊碰觸到球」時，他們的速度會明顯減慢，錯誤也跟著增多。當她要求優秀的高爾夫球選手記錄「球桿往後拉回的角度」等細節時，也得到類似的結果。「你可以緊盯身體的一舉一動，也可以選擇輕忽無視。」杜伯斯說道。這種降低窒息的方法，就是管控「何時要想、何時不要想……也就是介於放鬆和窒息間的灰色地帶的鬆緊」。

如果你正在進行攸關交易成敗的銷售說明，或是嚴酷的談判已進入成交階段，那麼，試著觀想你在高爾夫球場揮出完美的一桿時，那種流暢、毫不費勁的感覺，你內心紛擾不休的雜念，會突然一掃而空。

當然，過度緊張是主要原因，但不是全部的原因。你可以焦躁不已，但卻仍做得分毫不差，這當然是指你依然保持專注，而且揮桿動作正確。一位PGA冠軍在美國公開賽的一次八英尺推桿上發生失誤，他是因爲緊張而窒息，或是在心中模擬推桿時偏移了方向，我們不得而知。職業選手推桿可以精確地打到自己想要的位置，但若判讀方向錯誤也無可奈何。

因此，下列兩個事實顯得異常重要：

・你必須知道自己在做什麼，但你不能執迷於所採用的方法或技巧。

・當壓力襲來，依舊保持鎮定。你必須拿出最好的表現，但那必須是你的表現。如同一位了不起的教練多次觀察到的一個事實：你無法在你的能力範圍外比賽。在超級盃中，你必須按照帶你一路過關斬將的打法比賽。你不能執著於球評的評論，而扭轉了你擅長，而且有望贏得勝利的比賽。

麥凱箴言

面對壓力時，如果你執迷於吞下難以吞嚥的東西，窒息必然接踵而至。

52

別放鬆太久

你的工作做得很順手嗎？前景看起來很光明嗎？感覺想放鬆油門、輕鬆滑行一下嗎？掐一下自己吧！

動物學家及黑猩猩保護倡議人士珍古德（Jane Goodall），說起一則母親在她小時候經常告訴她和姊姊的寓言故事。

強壯的老鷹很篤定自己贏定了，於是展開雄偉有力的翅膀飛翔，飛得愈來愈高，其他飛鳥則都漸漸地感到體力不支，陸續飄回到地面。最後，連老鷹也無法再飛得更高，但沒有關係，因為當牠向下俯瞰，看到所有其他小鳥都在牠下面。

不過，這只是牠一廂情願的想法，其實在牠背上的羽毛裡還躲著一隻小鷦鷯，牠展翅高飛，飛到最高的地方。

即使已經勝券在握，有人已經等不及開始放鬆滑行。舉例來說，我記得在二〇〇八年北京奧運會男子一百公尺短跑決賽時，牙買加選手博爾特（Usain Bolt）以創世界紀錄的時間奪得第一。不過我忍不住想知道，如果他不是在最後放慢腳步、回頭看其他競爭者，他究竟還能跑多快。這當然不是他的風格。你不必告訴博爾特，競爭永遠是對明日而非昨日的對手。

博爾特在二〇一〇年《經濟學人》（*Economist*）的一篇報導中說：「我在二〇〇九年柏林世界田徑錦標賽成爲全世界跑得最快的人，創下一百公尺九·五八秒的紀錄……但田徑的科學研究指出，這個時間還可以更快。」

幾年前，洛克希德馬丁公司（Lockheed Martin）在佛羅里達州奧蘭多的一座電子廠，因爲過去的成功而自滿，導致製程中的某個環節出了差錯。爲生產線準備的零件箱偶爾會出現零件短缺的情況，造成裝配線作業中斷，組裝產品的工人因而怨聲載道。

洛克希德馬丁已退休的董事長奧古斯丁（Norman Augustine）說：「我從達拉斯一位汽車經銷商那裡借來一個點子。那位經銷商很少接到客戶抱怨，因爲他給客戶汽車維修技師家裡的電話。我規定工人把名字、工作電話和親自簽名的卡片，放進他們準備的箱子裡。抱怨立刻大幅減少。」

根據我個人的經驗，我可以告訴你奧古斯丁先生的作法百分之百正確。如果你像我一樣把名聲押注在某個事業上，你一定會全力以赴。我必須一肩扛起所有責任。也許，我會擠出時間打一場高爾夫球、度一個短假，但那已經是我最奢侈的放鬆了。

保持在受激勵狀態，比重新被激勵容易。

一位老木匠打算退休，他告訴老闆有意離開建築業，過比較悠閒的生活，以便和妻子享受大家庭的天倫之樂。他會想念薪水支票，但他必須退休。他們的生活勉強過得去。

看到手下一名優秀的工人退休，承包商不免有些傷感，並問他能不能再蓋最後一棟房子，算是個人的幫忙。老木匠點頭答應，但不久後就可以看出他已無心在工作上。老木匠變得敷衍了事、偷工減料，一生嚴謹的工作操守卻以如此不堪的方式收場。

當老木匠蓋好房子，他的老闆前來驗收。他問：「你對這棟房子滿意嗎？」木匠回答說滿意，老闆說：「很好，因爲這是你的房子。這是我送給你的禮物。」

就跟蓋自己的房子一樣，我們也在蓋自己的人生，一次蓋一天，直到一塊因爲疏忽而放錯位置的木頭砸在我們的額頭上。

麥凱箴言

放鬆滑行很愜意，但下坡的車禍總是最嚴重。

快課一分鐘18

態度的強效處方

已故的庫辛斯（Norman Cousins）是《週六評論》（*Saturday Review*）雜誌的著名編輯，也是備受推崇的作家，他在中年時被醫生診斷出罹患了一種不治之症。庫辛斯毫不沮喪，開始自己研究那種疾病，並在過程中向自己和其他人證明，笑可以變成很重要的藥方——因為每當你笑或感覺快樂時，腎上腺系統分泌的腦內啡會產生療效。為了讓體內的腦內啡分泌不斷，庫辛斯觀賞他找得到的每一部馬克思兄弟（Marx Brothers）的電影——任何可以讓他保持好心情的東西。這招果然奏效。

庫辛斯奇蹟似地痊癒後，便擔任加州大學洛杉磯分校（UCLA）醫學院的講師直到終身。他喜歡告訴學生：「你生命的控制中樞是你的態度。消極的負面態度會導致生病、低自我評價和抑鬱。積極的正面態度則帶來希望、愛、關懷、快樂，和腎上腺系統分泌的腦內啡。」

53

勇氣讓人與眾不同

哥倫比亞廣播公司（CBS）《晚間新聞》（*CBS Evening News*）當家主播丹．拉瑟（Dan Rather）幾年前做最後一次新聞播報時，特別向全世界每日與危險、病痛、死亡、疫疾、貧窮和其他挑戰搏鬥的人致敬。丹．拉瑟總結其播報生涯的談話，重現了他二十四年前從克朗凱特（Walter Cronkite）手上接下主播職務時令人難忘的談話。他總是以這種方式結束播報：他看著攝影機，然後吐出兩個字：「勇氣」。

這兩個字引發我的興趣。勇氣被視爲人類的一大美德。勇氣是勇敢、英勇、敢於面對危險、膽識與膽量等等的總和。我不是軍人、警察、醫生，也不是救援人員，我是生意人。那麼，勇氣和經營企業有什麼關係？

大有關係。我承認我們大多數人每天的生活，並非都充滿如此富戲劇性的挑戰。但是我們都會面對一些情況，需要我們從內心深處，採取正確而勇敢，甚至是艱困無比的行動。勇氣可能牽涉做不受歡迎、或耗費時間，甚至成本高昂的決定。

要平凡很容易。而勇氣讓你與眾不同，尤其是當其他人都退出時。

佛格森（Howard Ferguson）在《邊緣》（*The Edge*）一書裡，提及：「犧牲需要勇氣。在你可以放鬆時，依然長時間辛苦工作；在你疲倦或生病時，依然健身運動；在許多分神事物的包圍下，依然專注於拿出最好的表現；即使知道自己可能被打敗，依然尋找強勁對手，這些都需要勇氣。要變得平庸很容易，要成爲最好卻很困難。」

他又說：「大多數人完全不知道他們擁有這種勇氣。爲什麼？因爲一旦知道了，他們必須考驗自己——而這麼做充滿風險。所以大部分人都打安全牌，不冒險『全力以赴』。他們害怕踏入未知領域，那裡沒有保證。」

大受歡迎的「女人精神」（Spirit of Womankind）珠寶首飾設計師柏克（Laurel Burch），以無比勇氣追求她的夢想；她發跡的故事激勵了許多原本可能放棄夢想的人。她談到自己在峇里島叢林遇見的一個人，「我們能溝通的話不超過二、三個字，」她說，「但是當他看到我的畫，他抬起頭，眼睛閃著亮光。他的喜悅是普世皆懂的情感流露。現在他雕刻的神祕動物形象，像神龕那樣放在我的屋子、店鋪和櫥窗裡。各種生命之道都能增進人的靈性，所有的供奉都回歸於各種生命之道。」

柏克這一類堅定不移的人物擁有韌性和勇氣追求理想，他們不理會批評、嘲笑或不利的環境。事實上，阻礙往往刺激他們成就更大的事。

「不管做什麼，你都需要勇氣。」愛默生寫道，「不管你決定走什麼路，總是有人告訴你，你錯了。不管你嘗試做什麼，總是會碰到攔阻，讓你很想相信批評你的人是對的。訂出行動方針據以達成目的，需要和沙場軍人一樣的勇氣。和平就是勝利，但需要英勇無畏的人來贏得它們。」

在二次世界大戰最黑暗的日子，邱吉爾的一個朋友感謝他發表激勵人心的演說，並告訴他這些演說帶給人們勇氣。邱吉爾回答說：「你錯了，他們已經具備了勇氣，我只是專注在其中而已。」

在我最喜愛的電影之一《綠野仙蹤》裡，膽小獅當然在尋找勇氣。當牠終於遇見巫師時，牠問了一些問題（也得了到答案）：

是什麼讓奴隸變成國王？勇氣。
是什麼讓大象在迷霧或暮靄中高舉象牙衝鋒陷陣？勇氣。
是什麼讓麝香鼠護衛牠的麝香？勇氣。
是什麼讓獅身人面獸變成世界第七大奇觀？勇氣。
是什麼讓旭日初升如雷霆？勇氣。

是什麼讓霍屯督人（Hottentot）那麼哈？勇氣。
是什麼讓杏子（ape-ricot）聽起來像「猩猩」（ape）？勇氣。
他們有什麼是我沒有的？勇氣。

你已經知道接下來的發展：巫師獎賞膽小獅勇氣獎章，讓牠從此以後變得英勇無畏。勇氣永遠派得上用場。

麥凱箴言

勇氣是平凡人做不平凡的事。

快課一分鐘19

隨機應變

有天晚上，女孩很晚回家，超過她午夜的宵禁時間。第二天吃早餐時，媽媽問她：「昨天晚上妳回家時，我是不是聽到時鐘敲兩下？」

「是的，媽，」女兒回答，「時鐘開始敲十二點，但我怕它吵醒妳，所以馬上阻止它出聲。」

不過，有時候父母也有妙方。一個年輕的媽媽擔心九歲的兒子，因為不管她怎麼斥責他，他還是不把襯衫塞進褲腰裡就到處跑來跑去。她的鄰居有四個兒子，每個穿襯衫都乖乖地把衣服塞進褲腰裡。最後，這個無計可施的年輕媽媽問她的鄰居有什麼祕訣。

「噢，很簡單，」她說，「我只是把他們所有襯衫的下襬都縫上蕾絲邊。」

54

胸懷大志才能做大生意

如果你想談成大生意，你的思考必須有創意。我喜愛創意。你可以從富創意的公司和個人身上學到許多東西。當我對企業發表激勵演說時，我不斷尋找富創意的例子。我透過與各式各樣的聽眾交談，學到一些非常棒的獨一無二銷售技巧。

我常問對方他們公司有多少業務代表，然後我告訴他們麥凱密契爾信封公司有五百名員工。當我被問到我們有多少業務代表時，我說有五百名。每個人都是我們公司的業務員，每個人都與客戶接觸。

以下是近期聽眾與我分享的一些富創意點子範例。

・琳恩是房地產經紀人，深獲一位大賣主的欣賞，他有一棟二十萬平方英尺工業大樓求售。琳恩爲了爭取交易機會特地開車到該棟大樓現址拍照，並把照片貼在她設置的布告欄，上面寫著：「我們已經準備好！」她把這些資料用在簡報上，深獲客戶喜愛，並列入他的候選經紀人名單內。

．羅德拿到了一家鈑金客戶的一百萬美元訂單，但因爲客戶沒有地方堆放貨物，羅德無法交貨。於是，羅德特地爲客戶租下了一間租約爲期三個月的倉庫，而且自掏腰包支付租金。這筆交易也讓他獲得了一個終身客戶。

．芭芭拉經營水電管線及供熱事業，她告訴我口碑是最好的廣告。她公司安裝的一套暖爐需要持續維護，諸如：更換電路板、鼓風機……等等，因此公司決定爲客戶免費裝設新暖爐。結果，喜出望外的客戶一傳十、十傳百，爲她招攬了許多新生意。

．史帝夫與他的商業房地產經紀公司——連同五家競爭者——受邀向一家大公司做提案簡報，但只有兩天準備時間。他搭乘飛機拍了一些空照圖，放進簡報的宣傳資料夾裡。他們是第一家上台做簡報的公司——上午八點半——這是最不理想的上台簡報順序。到了上午十點，史帝夫接到一通電話說，客戶取消了所有其他約會，「你的簡報是主動積極的最佳示範！」

．傑伊告訴我，有一次他到亞利桑納州太陽城（Sun City）做銷售拜訪，客戶得意地自稱是劇作家，並要求傑伊朗讀他的劇本裡富蘭克林兒子一角的台詞。雖然這與他們的生意無關，不過他還是照做了。二十分鐘後，他們簽了訂單。

．本地一家餐廳業者舉辦的「學校夜」活動，把餐廳指定日的夜間營業額的百分之一捐給學校，爲餐廳增加了七五%到一〇〇%的營業額。「悅讀」則是餐廳的另一個大熱門企畫活動，老師可以在餐廳獎賞讀了五本書的學生一份免費三明治。成功達陣的學生可以把照片貼在餐廳的名人牆上——這會吸引他們的父母光顧餐廳，一睹孩子的光榮事蹟。

・班恩發現一位搶手客戶喜歡古典音樂，所以他燒錄了一張莫札特的CD，並親自送交給他。他最後脫穎而出，爭取到那筆生意。

・藍斯篤信我所謂的「點擊成交」（clip and ship），也就是在網路上與人分享新聞或照片。這些小事能建立人際關係，爲銷售破冰。藍斯最近攜帶相機參加了一場父女共舞舞會，他認得許多出席舞會的爸爸們，他們不是和藍斯有生意往來，就是有意和他做生意。他拍下這些爸爸們與女兒的合照，並把照片印出來寄給他們。他們很喜歡那些照片，而且記得寄件人是誰。多麼棒的公關！

・電力公司經理安妮一天二十四小時，每週七天都在接聽電話。某次停電時，她半夜兩點接到一名客戶打來的電話。她親赴電廠與一名技師設法解決問題。每次與潛在客戶會談後，她都會親手寫謝函，並在當天寄出。

藉由更新或檢視「麥凱66客戶檔案」（Mackay 66 Customer Profile®）的資訊，你會找到無數種富有創意的方法來培養客戶關係。上我的網站www.harveymackay.com就能免費取用格式。

麥凱箴言

創意創造生意。

55

信任直覺

《史努比》漫畫系列中，我最喜歡的主角查理．布朗站在投手板上爲自己打氣：「這是第九局最後一個打者了，現在滿壘，兩人出局，打者兩好三壞球。如果我讓他出局，我們就贏了！」這時候，查理四周的朋友和球員都喊著：「給他快速球！給他變化球！……。」

但是，獨自站在投手板上的查理想著：「這個世界上充滿了急著提供意見的人。」最惡劣的決策情勢就像在打叢林戰，抉擇正確，你就是英雄，抉擇錯誤，你的事業可能就此結束。有時候抉擇很難下，因爲所有的選項看起來都一樣。或者，就像尤吉．貝拉說的：「當你走到叉路口，要勇於面對。」

在做完該做的事前準備，而必須下決定時，你必須信任自己的直覺。你內心深處的直覺很可能知道什麼是對的。你必須明白直覺要你怎麼做。

專家建議支持你的直覺的次數，會多到讓你驚訝。

心理學家布拉勒斯（Joyce Brothers）建議：「信任你的直覺……它們通常根據積累在潛意識中的事實而來。」

佛洛伊德（Sigmund Freud）曾被問到為什麼有些人難以下決定。他的回答讓人吃驚，他要做不了決定的人丟銅板。然後，他解釋說：「我並不是要你盲目地照丟銅板的結果去做。我要你做的是注意銅板顯示的結果，然後省察你自己的反應。問你自己：我高興嗎？我失望嗎？這有助你發現自己內心深處對這件事眞正的感覺。以這種認知為基礎，你就能開始做決定，並且做出正確的決定。」

卡內基認為，做決定是衡量成功的指標之一。他說：「我的經驗是，一個人如果已經取得做決定必須的所有事實，但卻無法迅速做出決定，你就不能指望他貫徹所做的任何決定。我也發現，能迅速做決定的人，往往有能力在其他狀況下秉持明確的目標前進。」

強勢領導人在做決定時十分果斷，他們自信自己的決定反映了周遭人的意見。波克夏．哈薩威（Bershire Hathaway）執行長巴菲特（Warren Buffett）說：「我對集體決策的概念就是照鏡子。」

林肯領導因黑奴問題而分裂的美國時，面對的棘手決策超過任何一位美國總統。一八六三年，林肯憂心國家前途會因為南北分裂而瓦解，做出了大膽決定以掌控大局，並承擔風險，勇往直前。他寫了一篇歷來最深刻的人權宣言：「解放奴隸宣言」（Emancipation Proclamation）。

林肯把這些想法告訴他的內閣，當時只有六名閣員。在朗讀完宣言後，林肯要求他們達成共識，而且支持他的決定。投票的結果是，包括林肯在內有兩票贊成，五票反對。林肯宣布投票紀錄爲二票「贊成」、五票「反對」，然後他說：「投贊成票者獲勝。」

我們當中很少人必須做出如此深具歷史性的決定，但身爲企業經理人，我們卻必須做許多會影響員工生活與其職涯的小決定。

網景（Netscape）前執行長巴克斯岱爾（James Barksdale）是一位充滿領導魅力的經理人，他的座右銘贏得員工對他的愛戴。他和之前的其他傳奇經理人一樣喜歡講論「蛇」的道理，但是我特別喜歡他的「1－2－3巴克斯岱爾方案」（1-2-3 of Barksdale's package）。那是他在接掌網景後沒有多久，在一次管理團隊進修會上提出的，其中三蛇法則（three-snake rule）更是聲名遠播。

- 第一原則：如果你看到蛇，殺死牠。別成立殺蛇委員會。別成立蛇使用者團體。別寫蛇備忘錄。殺死牠就對了。
- 第二原則：別玩蛇的屍體（別回顧已做出的決定）。
- 矛盾的第三原則：所有機會都始於看起來像蛇。

麥凱箴言

別害怕做決定。要害怕不做決定。

56

從沒沒無聞到一鳴驚人

當我在品質園信封公司（Quality Park Envelope）的主管拉我一起加入銷售部門時，他知道我不是庸碌之輩。在此之前，我已竭盡所能說服他我有本事。沒錯，一個空有一身好本領卻苦無機會施展的高手，但是他需要我。

目標遠大的球員會克盡職責以證明他們的價值，默默等待大展長才的機會。

大學美式足球傳奇人物盧·霍茲在高中時代就希望加入足球隊，但是有一個問題，他瘦得像竹竿，還戴著深度眼鏡。霍茲沒有多少練球時間，他是第四後備後衛，教練只有在其他三名後衛倒下或比賽完全沒有希望時，才派他上場。所以霍茲學習了所有其他攻守位置，萬一有其他隊友受傷無法上場時，他出賽的機率也會隨之大增。

帶著豐盛食物參加派對。

這正是谷歌所做的事。多年來，我建議大家在公共或大學圖書館搜尋客戶和聯絡人的背景，直到網路搜尋引擎公司谷歌出現，我的建議變成以谷歌搜尋，不但馬上可以得到結果，還省下了油錢和停車費。想知道谷歌的背景嗎？懷司（David Vise）和摩西德（Mark Malseed）合著的《翻動世界的Google》（*The Google Story*）記錄了整個谷歌的發跡傳奇，企業史上一顆最燦爛明星的崛起。

短短幾年間，「google」便成了人們日常用語裡的新詞彙，代表「在網際網路上搜尋資訊」。「Google」一字來自「googol」（古戈爾），代表一個極大數字——1後面加一百個0！兩個史丹佛大學研究生布林（Sergey Brin）和佩吉（Larry Page）把學生宿舍變成資料中心，並拼湊了一組克難式的電腦系統。他們把研究計畫轉變成一家企業巨擘，截至二〇一一年二月，谷歌的市值高達一千九百億美元。今日，谷歌是全世界最大的媒體公司，二〇一〇年營收達二百九十億美元，獲利八十五億美元（難怪，谷歌股價在二〇一一年一月每股高達六百美元）。布林和佩吉各自身價估計達到二百億美元。

你也許無法創造第二家谷歌，但從這家公司可以找到令所有企業人士都獲益良多的啟示：

．**無視不可能**。佩吉說：「我想到一個瘋狂點子，我要把整個網路下載到我的電腦。」他把這個點子歸功於「有一種忽視不可能的健康態度……你應該嘗試做大多數人不會嘗試的事。」從電話到電視，起初大家都說這些歷史上的偉大創新不可能做到，或沒有用處。如果你有科技背景，你會追逐哪顆明星、下注在哪種明日的熱門發明上呢？

・**突破窠臼。**有些人還以爲谷歌只有一台像辛辛那提（Cincinnati）那麼大的電腦，裡面的記憶體晶片有拉什莫爾山（Mount Rushmore）那麼大。事實上，谷歌是十萬部平價個人電腦構成的網絡。其眞正高明處在於谷歌如何連結這些電腦，以運作其劃時代搜尋程式。谷歌最新的資料中心蓋在奧勒岡州哥倫比亞河邊，理由之一是：低廉的水力發電。

・**記住父母在家裡教給你的事。**布林和佩吉都是輟學的博士班研究生，但他們的血液裡流著電腦程式，甚至有可能在搖籃裡就開始玩程式。布林的父親是數學教授，佩吉的父親是電腦科學教授，母親則是科學研究員。如果你的基因裡有特殊專長，或者那是每天晚上餐桌上談論的話題，那麼你可能比自己知道的還聰明——即使你以不同的方式應用這些知識。

・**利用現代激勵法。**谷歌剛崛起時，他們提供從食物到洗衣服等各種免費福利來吸引人才。他們雇用一位曾爲死之華合唱團（Grateful Dead）掌廚的藍帶主廚，供應令人無法抗拒的酪奶炸雞。另一件令人津津樂道的事，則是谷歌的軟體工程師可以把二〇%的時間，用在「他們感興趣的任何專案」上。《財星》雜誌把谷歌和麥肯錫顧問公司（McKinsey），並列爲新出爐企管碩士最想進入的最佳企業榜首。

・**你現在所認知的，也許不是你未來的樣子。**布林和佩吉乘著電腦科學的熱潮興起，但谷歌並非靠搜尋引擎賺錢，而是靠網站的線上廣告營收賺錢。誰會料到兩個電腦宅男會改寫麥迪遜大道的歷史？

．改寫規則。谷歌的「首頁」——進入網站最先造訪的網頁——沒有任何廣告。當你擁有當代最值得記住的商標時，誰會想要在其呈現方式上開玩笑？但這個網頁經常呈現各個季節和節慶的插圖藝術，在其他網站用各種彈出式視窗來強奪你的眼球時，谷歌卻以樸素的門廊地氈歡迎你。「沒有廣告」的政策完全違背一般人急於賺錢的傾向。布林和佩吉也知道如何回饋社會：「谷歌正在爲世界各地大圖書館的數百萬冊藏書，進行數位化工程。」對未來的世代而言，谷歌很可能是人們一輩子閱讀各種書籍的入口。

今天，誰能想像沒有谷歌的生活？谷歌的存在已變得如此理所當然。眞正的突破是，二十年前沒有人想像得出谷歌能做什麼，和將會做什麼；今日，它卻是人們生活不可或缺的一部分。把不可能變成不可或缺，你就可以一路又蹦又笑地到銀行提錢。

谷歌當然是科技的奇蹟，但它也代表了銷售的劃時代里程碑。谷歌帶來了超越強迫銷售（hard sell）的新時代，它也超越了軟誘銷售（soft sell），進入透明銷售（transparent sell）的新紀元。

麥凱箴言

你很難對處處可見的人或事物說不。

快課一分鐘20

「滑坡道」

了解客戶、供應商、員工、競爭對手和聽眾永遠不嫌多。不完整的資訊有時候比完全沒有資訊更危險。以下就是一個例子：哈洛德接到艾爾的電話，問他明天晚上是否要到羅特利。

哈洛德說：「沒錯。」

艾爾說：「我碰到了一個大麻煩，我邀請的演講來賓剛取消行程。你能不能來？」

哈洛德說：「當然可以。」

艾爾說：「你會說什麼題目？」

哈洛德說：「性。」

第二天哈洛德發表了四十五分鐘的演講，贏得滿堂彩。他回家後，太太問他：「你說了什麼題目？」

哈洛德很聰明，知道他太太以為他對性一竅不通，所以他說：「滑雪。」

第二天哈洛德的太太到超級市場，她看到艾爾的太太就在另一條走道上。

艾爾的太太大聲說：「我問我先生，他告訴我，你先生在羅特利發表了一場很精彩的演講。」

哈洛德的太太也大聲回答：「我不明白，他只做過一次，而且他的帽子（hat，套子）還掉了。」

57

熱情成就偉大

我最近看到了一則一九四〇年代人對業務員的絕佳描述。除了那個年代特有的性別歧視用語外，它眞的一語中的。

在某次克萊斯勒汽車於洛杉磯舉行的業務經理年會上（當年克萊斯勒還是汽車業的超級大廠），副總裁莫克（Harry G. Moock）如此形容一位業務員：

「他有貓的好奇心、鬥牛犬的堅持不懈、小孩子的友情、自我犧牲妻子的耐性、法蘭克・辛納屈歌迷的熱情、哈佛人的自信、喜劇演員的幽默、驢子的單純，以及紙幣收藏家不倦怠的精力。」

我還能說什麼……？我向來就是法蘭克・辛納屈的歌迷。

在脫穎而出必備的技巧中，熱情是第一要項，不管你是從事銷售或任何其他行業。

沒有熱情的業務員只是辦事員。

如果你從事銷售，你可能擁有很棒的產品、廣大的銷售地盤，還有很熱鬧的行銷活動，但是如果你沒有熱情，將很難達成交易。當你熱情充沛，說話鏗鏘有力，舉止充滿專業權威，你的表現能感染人。當你對一種產品或任何事物，感到興奮和熱情，別人會注意到。他們會採取行動加入你。他們想知道什麼東西這麼好。

沒有任何東西能取代熱情。如果你對自己做的事缺乏熾熱渴望，你絕對無法長期忍受爲求成功必須付出的辛苦代價。

曾在美國女子職業高爾夫巡迴賽（LPGA）封后八十八次的惠特沃茲（Kathy Whitworth）說：「要確定你所選擇的職業讓你樂在其中。」她摘冠的次數超過任何男子和女子職業高爾夫球明星。我很幸運在她四場奪冠賽事中，在場觀賞她的比賽。「如果你無法樂在其中，你很難付出額外的時間、努力和專注在目前所做的事上，邁向成功。如果你能從中找到樂趣，你會樂於在目前的事業生涯上付出必要的努力。你會毫不吝惜地付出時間和精力以獲得成功，而不會覺得是在犧牲自己。」

杜魯門總統曾說：「冷淡絕對無法成就卓越；要鍛造任何東西都需要高熱。每一項偉大的成就都是一則火熱的心的故事。」

石油大亨蓋帝（J. Paul Getty）在排名企業成功的必備要素時，把熱情的重要性排在想像力、精通商務和野心之上。

馬克・吐溫有一次被問到爲什麼他能成功，他說：「我天生就充滿熱情。」

我的讀者已經聽我說過許多次：「當你熱愛你的工作，你這一生就不必再工作一日了。」事實上，我的一本書的副書名就是：「做你所愛，愛你所做，交出超乎承諾的成果」。

傑出業務員幾乎總是對細節充滿熱情。在談話或談判中熟練地表現這些細節，自然能在銷售上駕輕就熟。沒有學習的熱情，你永遠無法建立一個資料庫，累積重要的事實。

有一位年輕人要求一位古代智者協助他學習，這位大師帶領這名準學生走進水中，突然將他按進水裡不放手。這名憋不住氣的年輕人掙扎著從水中冒出，叫道：「你為什麼這麼做？」智者回答：「當你學習的欲望強烈到像現在這樣想呼吸時，你就知道怎麼學習了。」

希望你每天都對自己的工作充滿熱情，而且樂在其中，如果沒有，不妨回想那些你曾從工作中獲得快樂和滿懷熱情的日子，並思考你能做或需要做什麼，才能重新拾回那種感覺。

讓自己的四周圍繞著對工作充滿熱情的人，那麼你也會感染到他們的熱情。記住，你無法隨自己高興想熱情才變熱情，你必須隨時隨地對自己的工作、產品或使命充滿熱情。

沃爾瑪創辦人山姆．華頓（Sam Walton）寫了十條「成功守則」，第一條是「全心投入到工作中，相信它超過一切事。如果你熱愛自己的工作，你每天都會想辦法竭盡所能做到最好，很快地，周遭的每個人都會感染到你的熱情——就像熱病一樣。」

麥凱箴言

人生最大的挑戰不是加添歲數，而是為你的年歲增添熱情。

58

當個厲害的特立獨行者

比爾·高弗（Bill Gove）是明尼蘇達礦業製造公司（3M）的傳奇業務員，也是我最欽佩的英雄之一。他常在對業務員的激勵談話中提到下列故事：

我剛開始從事銷售工作時，有一天我的老闆把我叫進去，他說：「比爾，我要你到紐奧良去見我們駐點的哈利。你一定沒見過像他那樣的人，他大概超重六十英磅，衣服上沾滿了中午吃自助餐留下的食物油漬，說話口齒不清，而且他把訂單寫在餐巾紙背面。」

我說：「好啊，我去。你希望我做什麼？幫他買一本《如何穿衣服才能成功》？叫他減肥？開除他？」

「才怪！你去弄清楚這傢伙吃什麼，他要什麼就給他什麼。他是我們業績最厲害的人。你在那裡，可要好好地跟他學。」

厲害的特立獨行者總是有點邋遢。

葛蘭特將軍可能貪杯「老烏鴉」（Old Crow）——他最喜愛的威士忌牌子——他常常以老烏鴉向部隊致敬。儘管如此，但我前面說過，林肯總統仍然覺得他是不可或缺的將領。

像哈利這種怪人，或像葛蘭特這樣的酒鬼在今日能成功嗎？你在運動圈裡隨時都能看到這種人。一場比賽得分超過二十分的籃球員，獲得的禮遇比後備後衛多。這當然不公平，也不恰當，但這正是績效掛帥的世界運作的方式。

高弗跟我經常告訴年輕的業務員：「只要你能賣出東西，別操心文書作業的事。我們會找人處理。」什麼人都能填寫文件，但很少人能做好銷售。

在這個一切都需要科技的年代，人們對笨手笨腳的人，甚至是對那些笨手笨腳、但卻是業績高手的業務員的容忍度變小了，因為在網路上搞砸事情可能讓公司付出慘重代價。哈利沾了芥末醬的餐巾紙可能不合標準，不管他簽的訂單有多大，然而如果我能找到方法讓他安全地留在銷售團隊中，我不會太快開除他。

厄爾恰是哈利的相反。最適合拿來形容他的詞是「一板一眼」，他走路的樣子就像是正要前往董事會主持會議。厄爾的文書作業十全十美，桌子一塵不染。他準時參加每一次的銷售會議，而且不用求他就會自動坐在前排座位。厄爾是完美的業務員，只差一件事：他連免費送信封給雜誌促銷公司（Publishers Clearing House）都做不到。

客戶就是跟他不投緣。

大多數業務員介於哈利和厄爾之間，不像哈利那樣我行我素，但也會避免像厄爾那樣規矩得令人難以忍受。

聰明的公司了解，必須免除業務員做些與銷售無關的瑣事。

腦袋遲鈍的公司則仍然拘泥於組織結構、程序和繁文縟節。這類公司內部往往專注於公司的文化、規範、穿著禮儀和髮型。它們會開會以決定是否該開會。

業務員最具生產力的時間是在與客戶接觸的時候，而非在與同事相處時。他們的績效完全取決於公司外的表現。

公司委員會？內部規劃專案？坐在第一排的又是厄爾，他舉手自願做這些事。厄爾知道他的前途不在銷售，而在進入組織階層。當這個世界的厄爾因爲做那些成功的業務員討厭的苦差事而獲得升遷時，定期銷售會議、等著塡寫的新表格，以及強制簽到的制度就向前躍進了一大步。

如果你要求厄爾訓練哈利，哈利吃東西的聲音或許會小些，但哈利的產值會不會提升呢？別開玩笑了！你千萬要對你提出的要求非常謹愼。

麥凱箴言

如果你想與眾不同，最好能拿出本事來。大多數經理人討厭特立獨行者，但所有經理人都喜歡績效。

幸運餅乾—態度

- 才能是你能做什麼；動機則決定你做什麼；態度又決定了你會怎麼做。
- 態度的重要性絲毫不亞於才能。
- 記住十個雙字母字彙構成的句子：If it is to be, it is up to me.（凡事操之在己。）
- 樂觀者是對的，悲觀者也是。全看你自己要選擇成爲哪種人。
- 無論你認爲自己辦得到或辦不到，你都是對的。
- 重要的不是我的淨值（net worth），而是我的自我價值（self-worth）。

——戴蒙（Jamie Dimon），摩根大通銀行執行長

- 人必須爲自己的夢想套上馬鞍，才能駕馭夢想。
- 讓你與眾不同的，就是讓你領先群倫的東西。
- 障礙就是當你眼睛不看目標時看到的東西。
- 勇敢不是無懼，而是善於面對恐懼。
- 被寵壞小孩的定義是：在三壘出生的人，以爲是自己打出三壘打到了那裡。
- 負面思想讓人看著流奶與蜜之地時，只看到熱量和膽固醇。
- 勝利（triumph）就是嘗試（try）加上征服（umph）。
- 積極思想把障礙轉變成機會。
- 失敗時樂觀以對，你的日子還會有多難過？

——彭博

VI

網路人脈

59 網際網路：銷售解剖刀

亞力士．曼多西恩（Alex Mandossian）是電子行銷天才，運用最新網路技術，爲客戶和合作夥伴創造了二．三三億美元的營收。亞力士利用網際網路作爲尋找潛在客戶的解剖刀——銳利而精準，大幅降低了被拒絕的機會，也減緩了對士氣的影響。他的招牌工具是電話研討會（teleseminar），藉以向潛在客戶解說產品或服務。從二〇〇二年以來，他已經把電話研討會技巧傳授給逾一萬四千名學生。最近他和我談到如何把這些出色的技術，加進傳統業務員的銷售技巧裡。

Q 有些業務員說：「網際網路對某些人來說是不錯的工具，對年輕人來說，更是如此。至於我？我是老派業務員。」但是，在這個時代真的有人能不靠網際網路銷售嗎？

不靠網際網路銷售確實有可能，但業務員的工作會變得更加困難，報償也更低。網際網路是「老派」銷售的幫手，而不是取代它。網際網路是一種可靠、低成本的工具，可用來篩選合格的潛在客戶。

以人對人的老派方法篩選合格潛在客戶，會降低生產力和招來個人的拒絕。二十一世紀的銷售專家把篩選工作的重擔交給網際網路。

線上篩選工具，如：評估、調查和教學等，可以大幅降低尋找客戶的成本，有效地消除個人的拒絕。專業業務員應安裝線上篩選系統，如此可以讓他們在初次面對面互動時，只需面對事先教育過的潛在客戶。

Q 你必須區別「潛在客戶」和「事先教育過的潛在客戶」，為什麼這種區別很重要？

事先教育過的潛在客戶比較可能是有動機的買家。使用線上篩選系統的專業業務員生產力較高，成交的速度較快、較容易，而且被拒絕次數較少。

Q 對沒有把握使用網際網路或現代高科技方法的業務員來說，有沒有一些可以大幅提升個人技巧與信心水準的祕訣？

任何業務員，不管有多畏懼科技，都能很快地輕鬆利用網際網路作為篩選合格潛在客戶的工具，唯一的條件是要有一台電腦、網路連線，以及基本的說服術概念。

以下是三個讓網際網路變成可靠的篩選潛在客戶工具的祕訣。

我稱第一項爲「**線上招攬調查**」。

這裡有一個效果極佳的簡單案例。新澤西州瑪瓦市有一位整脊師，很想把初診諮詢病患變成爲長期往來病患，他的轉換率偏低不只降低個人的生產力，也危及對自己的信心。他遭遇了一個典型的銷售問題：建立長期客戶群。

他的解決方法是製作一個線上調查，作爲初次門診諮詢之前的必經程序。這種作法果然奏效：他的潛在長期病患轉變成病患的比例大增爲五倍！

線上調查要求病患提供三項簡單的資訊：第一，簡短重述接受整脊治療的病史（如果有的話）；第二，病患目前是否有其他病痛；第三，他們希望多快接受治療。病患在線上回答問題，這位整脊師根據線上調查的回答，建立了兩套不同的初診諮詢說明內容。

利用這種簡單的線上招攬調查不過短短幾天，這位整脊師的轉換率就從區區的一五％暴增到極可觀的七七％。他的生產力也水漲船高，招攬病患的成本則大減。

Q 實在是太驚人了！而且改變得很徹底：根據簡單的資料庫設計兩種不同的說明，不但簡化了他的銷售，效果也更可靠。再談談第二種技巧，我想可以稱它為「線上推薦調查」吧？

一位芝加哥的理財顧問對要求招攬更多生意感到難以啟齒，尤其是不知如何要求客戶推薦其他人。因此，他在網站上做後續推薦調查。這套最早由瑞克赫爾德（Fred Reichheld）發展出來的調查，稱爲「終極問題」（The Ultimate Question）。

基本上，它問兩件事：你推薦我們的可能性有多高？你會怎麼推薦？

這位理財顧問在評估回答後，把客戶分成三類：促銷者、被動者和誹謗者。這套作法獲得三方面的回報：第一，調查透露出最可能「促銷」和最可能「誹謗」公司的客戶；第二，調查產生出推薦客戶的「記分卡」；第三，調查揭露出哪些客戶對服務感到滿意，更重要的是，哪些人不滿意。

這些聚焦的問題把網際網路當作一種有效的新工具，用來輔助銷售數十年來爲人熟知的服務。

Q 有沒有一些方法可以把網際網路和傳統的促銷技巧結合使用？

哈維，那正是我的第三個祕訣的目標，我稱之爲「**私人邀請銷售**」。

一家曼哈頓的獨立化妝品零售商發現，銷售旺季過後，他的銷售業績就急遽下滑。因此，他在結帳櫃檯旁放了一個大魚缸，上面寫著：「丟入你的電子郵件地址，就可以在即將舉辦的（三小時）私人邀請特賣會上，享有所有購買物品五〇%折扣的優惠。」

在蒐集了約一千個電子郵件地址後，他立即安排了三小時的私人邀請特賣會。他雇用一個最魁梧的保鑣守在門口，買了長條紅地毯鋪在店門口。他甚至準備紅絲絨繩（像夜總會門口看到的那種），圍出排隊等候的客人。

在三小時特賣會舉行前一週，他連續發出三封電子郵件訊息，上面附有印製線上門票的連結——每個客戶只能印兩張——門票上有編號，先來者可以優先進場。

特賣會當天，路過的人都對門口大排長龍的客人，和那位維持秩序的保鑣大吃一驚，保鑣依照門票號碼每次讓二十個人進場。

在短短三小時內，這家零售商的銷售營業額就達到去年同期整個月的營業額。網際網路不是取代「老派」銷售方法的工具，而是只要善加結合就能更快、更輕鬆地賺進更多獲利。

Q 你是不是也採用和一對一一樣的方式，透過網際網路來激勵人？

透過網際網路來激勵和影響客戶，比一對一的傳統方法更快、更容易，也大幅降低成本。在線上激勵和教育潛在客戶最可靠的方法是，提供「合乎道德的賄賂」，以交換電子郵件地址。

合乎道德的賄賂——給潛在客戶的誘因——可能包括影片、錄音、說明書、電子書、免費訂閱、免費播客（podcast）或特別報告。道德賄賂爲什麼有效？相關性是最大因素。你贈送的東西必須與潛在客戶有關，而且不只滿足他們，還超過他們的期待。

以下是兩個有效的道德誘因例子：

・一家帕薩迪納市美齒診所在網路上提供了一項看診指南，標題爲：「坐上牙醫診療椅前，九大必問關鍵問題」。

・一家洛杉磯的寶馬（BMW）汽車經銷商，在網路上提供五百美元禮券的驚奇禮物，不過只能透過網路購買BMW配件時抵用。等客戶在網路上抵用驚奇禮券後，他們又被邀請參加一對一的汽車保養諮詢，順便購買搭配使用的配件。這項網路銷售活動開始後兩個月，這家經銷商的配件銷售營業額增加了八三％。

Q 人都希望受教育，而教育可以變成最有效的贈品，不是嗎？

參加電話研討會。電話研討會是一種虛擬活動，參加者打一個電話號碼進來，聽一堂權威的演講者上課。你可以在世界上任何地方舉辦電話研討會。電話研討會行銷最大的好處是可以改變用途，一旦你錄音和製作出電話研討會的音訊內容，你可以將它轉換成部落格的貼文、線上文章、研習會、電子書、電子課程，幾乎任何你想像得到的其他資訊產品。

Q 讓我們退一步看整個發展。這不僅僅只是把整個銷售過程搬到網際網路上，還以很具體的方式利用網際網路，而且用在每一種銷售狀況的特定時間點，是嗎？

二十一世紀的世界級銷售技術需要多重溝通管道——包括線上和非線上——以篩選新客戶和進行後續追蹤。「老派」一對一的互動在成交的「關鍵時刻」仍然十分重要。

只利用網際網路來成交相當困難。嘗試用網際網路成交的業務員經常遭遇到我稱之爲「創造性逃避」（creative avoidance）的情況。當潛在客戶面對購買決定時，一對一的互動不僅更個人化，也是銷售成交所不可或缺。誠如銷售大師拿破崙．希爾的同事希巴德（Foster Hibbard）常說的一句話：「做很容易，做決定卻很難。」

理想作法是成交前先利用網際網路篩選合格潛在客戶，成交後繼續以其進行後續追蹤。如果做得好，大部分專業業務員的時間將花在輕鬆地與篩選合格的潛在客戶成交。

Q 「虛擬＋實體」——網路展示＋實體後續追蹤——是一種新的強強聯手致勝銷售法嗎？在過去，潛在客戶會藉評估優惠方案來決定是否變成客戶，現在的潛在客戶也在網路做同樣的事嗎？

銷售過程的脈絡決定是否成交，而不是銷售過程的內容。銷售最重要的脈絡因素則是順序的安排。

想像網際網路在銷售過程的角色就像美味三明治的兩片麵包，夾著好吃的主料；它們就是銷售前的篩選過程，以及銷售後的後續追蹤。

銷售「三明治」的核心是成交。那是最需要專業業務員進行人為干預的時候，以帶領和說服潛在客戶變成眞正的客戶。

因此在虛擬與實體混合的銷售方法中，最具生產力的理想銷售順序似乎是：

網際網路（篩選）↓專業業務員（成交）↓網際網路（後續）

這個順序爲歷史悠久的銷售縮寫「A－B－C」（Always Be Closing，永遠在成交）帶來新的意義。有一項生產力因素造成「國家級」業務員和「世界級」業務員的差別，「世界級」專業業務員花八〇%時間在成交階段上，因爲他們只花很少心力就完成了篩選工作。

Q 業務員可能覺得自己具有強烈的明顯面對面人格特質。那麼，人們在使用有效的網際網路行銷工具時，一般而言，必須更強力突顯自己的哪些個人特質呢？

具備強烈的明顯面對面人格特質的專業業務員，很適合把利用網際網路尋找潛在客戶及做後續追蹤，添加到其行銷組合裡。你要知道，網際網路篩選和聚焦工具可以輔助在這方面較弱的業務員。具有強烈人格特質的專業業務員，通常在篩選合格潛在客戶和後續追蹤上做得很差。

具有強烈人格特質的專業業務員確實可能臉皮較厚，面對成交前最緊繃的階段，他們在面對潛在客戶的拒絕或抗拒時，通常不會退縮，因爲成交正是他們的強項。這就是他們花八〇%時間在成交階段，而只花二〇%在篩選和後續追蹤上的原因。

不論你是明星業務員或初出茅廬的生手，網際網路都是理想的工具，利用它來做毋須人爲干預的重複性例行工作。

Q 你視網際網路為對業務員大有幫助的心理和激勵工具，那麼它在這方面究竟是如何運作的？

網際網路之所以功能強大，是因爲它能夠篩濾和整理優質的線索，讓專業業務員只與有購買動機的買主互動。這不只能節省時間，也能保護專業業務員的信心。

建立信任感無非要能可預測。如果你能讓潛在客戶期待你的下一步動作，就表示你博得了潛在客戶的信賴。潛在客戶可能了解你，也喜歡你，但信任感的深化必須建立在一對一的互動上。對一些幹練的業務員來說，這種信任可能意味終身客戶關係的開始。變成爲客戶的潛在客戶就像蛻變成蝴蝶的蛹。

在銷售和網際網路的遊戲中，潛在客戶的質幾乎總是勝過量。房地產經紀商知道三個決定成功與否的關鍵字是：「地點、地點、地點」。而頂尖專業業務員知道成交更多生意最重要的三個關鍵字則是：「篩選、篩選、篩選」。

Q 聰明的業務員如何利用社交網絡來解讀市場的心理？

社交網絡的基本原則是「欣賞」和「歸屬感」。心理學家先驅詹姆斯（William James）曾說：「最根本的人性原則是渴望被賞識。」這就是社交網絡和線上社群提供的東西。當業務員加入社交網絡時，最聰明的作法是在討論中增添附加價值，千萬不要直接促銷或銷售產品。

麥凱箴言

向老漁夫學習——辛苦撒大網必有斬獲。

快課一分鐘21

網路真奇妙！

網際網路是當今改變世界的一股最強大力量，也是有史以來成長最快速的資訊來源：

- 廣播花了三十八年時間，才達到五千萬名聽眾。
- 電視花了十三年時間，達到五千萬名觀眾。
- 網際網路只花了四年時間，就在美國累積了五千萬名使用者。
- 到了二〇一〇年，全世界幾近有二十億名網際網路使用者。

60

社群媒體：新銷售超級中心

沒有比反社會的業務員更荒謬的概念了。但我很驚訝竟有這麼多業務員不了解或反對社群媒體，視之為傳統面對面銷售的威脅。

「社群媒體只是一時的流行，或者它將成為工業革命以來最大的轉變？」《社群經濟學》（*Socialnomics*）作者奎爾曼（Erik Qualman）問道。如果你探究統計資料，結論就變得呼之欲出，而且令人無法不正視。

直到二〇一〇年，Y世代（一九八〇年到二〇〇〇年間出生者）的人數已超過嬰兒潮世代，而他們有九六％已加入社群網路！不需要入會儀式、繳費和推薦，只要在鍵盤上敲幾下就大功告成！剎那間就可以與朋友和家人連線，立即分享資訊，尋找在幼稚園時代把花生醬塗在你臉上的那個小孩。

隨著科技的進步和變遷，它也改變了我們生活和銷售的方式。

臉書（Facebook）堪稱為社群媒體界的明星，它在創立後九個月內使用者就突破一億人，現在則已超過六億人。對一家誕生於學生宿舍的公司來說，這確實很驚人。如果臉書是一個國家，它的人口將是世界第三大，僅次於中國和印度。臉書成長最快的年齡層是介於五十五歲到六十五歲的女性（至於這些女性的兒女有多少會接受母親當作「好友」，還很難說）。

我們不必再搜尋新聞了；新聞會找到我們。每天有超過一百五十萬篇內容（網頁連結、新聞報導、部落格張貼、註記、相片等等）在臉書上分享。不久後，我們不用再搜尋產品和服務了，因為它們會透過社群媒體找到我們。

我們的夢中情人也會。去年，美國每八對結婚夫妻中就有一對是透過社群媒體認識。

Y世代和Z世代（一九九五年以後出生、最年輕也最熟悉科技的一代）認為電子郵件已經過時。二〇〇九年，波士頓學院（Boston College）停止分派電子郵件地址給新生。對喜歡以不到一百四十字訊息來溝通的人而言，推特（Twitter）是不可少的工具。艾希頓．庫奇（Ashton Kutcher）和艾倫．狄珍瑞絲（Ellen DeGeneres）的推友人數，超過愛爾蘭、挪威和巴拿馬三國加起來的人口總數。約有八〇%的推文從行動裝置發出，使用者隨時隨地可以更新訊息。推特和黑莓機的黑色星期五（感恩節過後）應用程式，改變了購物者規劃其購物策略的方式（得悉後，聰明的商家也利用同樣的方法來設計產品的訴求）。另一方面，不好的客戶經驗也會藉批評的推文表達。

我們在LinkedIn出現之前是如何運作的？爲了寫作我的上一本書《好工作就是這樣找的》，我做了一些研究，而且從中發現了一項最驚人的就業統計數字，就是八〇%的美國公司使用LinkedIn作爲重要的徵才工具。

還記得「發生在維加斯的事就留在維加斯」這句廣告標語嗎？這句話會誤導人，因爲發生在維加斯的事也常出現在推特、Flickr、臉書、MySpace、YouTube和其他社群媒體上。

YouTube是全球第二大搜尋引擎，有一億則影片，每天有二十億名觀眾瀏覽。維基百科（Wikipedia）收錄超過一千三百萬篇文章。十八到三十四歲的人當中有七〇%在網路上收看電視，只有三三%曾經用數位錄影機（DVR）或上TiVo收看節目。有二五%的人一個月內曾用手機觀賞影片。隨著電子書閱讀器的數量日增，亞馬遜（Amazon.com）銷售的書籍有三五%是用閱讀器Kindle閱讀的電子書。部分出版商估計，電子書的營業額在未來五年內將增加到佔全體書籍營業額的五〇%。

網路部落格超過二億個，五四%的部落客每天貼文或發推文。以下是一些不可忽視的事實：

- 三四％的部落客會張貼對產品或品牌的意見。
- 七八％的消費者信任同儕推薦。
- 只有一四％的人信任廣告。

也許最驚人的事實是，社群媒體已取代色情網站成爲網路排名第一的活動。成功使用社群媒體的公司已學會先聽再賣的重要性。奎爾曼說：「比起傳統的廣告商，它們的角色更像派對規劃者、匯聚者和內容供應者。」

這是史無前例的改變，人們互相認識的途徑出現了根本性的變革。這個嶄新的數位世界對業務員具有什麼意義呢？

- **學習社群媒體網路、它們的基本規則與其運作模式**。這表示要學習表情符號代表的意思。還有，OMG（Oh My God! 縮寫），如果你不懂聊天室交談的基本禮儀，恐怕會一直因爲說話不得體，而不停跟人賠不是。
- **追蹤所屬行業裡的熱門話題，定期搜尋誰在推特或部落格上稱讚你或批評你**。Google分析（Google Analytics）這類公司紛紛崛起，協助企業詮釋社群網站的態度，以及其他網路流量趨勢；找出這些趨勢和行爲模式。一旦了解自己的事業獲得何種評價後，則需更進一步研究競爭對手的情況。

・**花時間與人交談**。在LinkedIn或推特上找到氣味相投的同好，學習與他們交談——最好是對社群網站的了解優於自己的人。你不必冒高風險，但你必須了解這個世界運作的方式，因爲那是未來人們的交談方式。

這是一種全新的人與世界溝通的方式，新世代的業務員了解這一點，因爲他們生來就習於這種與老一輩大不相同的方式。全美曲棍球聯盟（NHL）社群媒體行銷總監狄羅倫佐（Mike Dilorenzo）下了一個一針見血的結論：「社群網路與網站無關，而是與體驗有關。」社群媒體代表我們溝通方式的根本改變。要在商業活動上跟上潮流——以及保持競爭力——就別當傻瓜（twit），趕緊把「臉」（face）打扮漂亮，並且「連結」（link）這些巨大商機。

麥凱箴言

如果你想把世界握在指尖，就磨練好你的社群媒體技巧吧！

61

參與網路同好團體

我在前面強調網際網路是一股改變我們生活的驚人力量，它也改變了建立和使用網絡的方式，尤其是在年輕人間。

拜網際網路之賜，每一秒鐘都有新的同好團體（affinity group）誕生。什麼是同好團體？各式各樣的定義都有。同好團體可以嚴肅到像殘障人士尋求進出市政府建築的無障礙空間，或輕鬆到像國際巴斯特．基頓學會（International Buster Keaton Society），專門研究有「偉大冷面笑匠」之譽的喜劇泰斗巴斯特．基頓。舉例來說，你知道巴斯特是從傳奇魔術師胡迪尼（Harry Houdini）那裡學會紙牌魔術的嗎？

一些大企業現在鼓勵少數族裔員工組成不同的同好小團體，透過這種吸引人的作法可以讓這些同好團體融入到公司這個大族群裡。

我只上網瀏覽五分鐘就看到下列許多同好團體：

・腎臟學期刊俱樂部——致力於研究腎臟疾病。
・於西班牙內戰期間飛航的飛行器同好團體。
・尋找電腦、資訊、科技銷售幹部的網站CareerBuilder。

為什麼你要把寶貴時間花在研究這些特殊興趣上？

・未來人際網絡的形成將愈來愈以特殊興趣人士為中心。
・不管你喜不喜歡，網際網路將成為這些人士來往的中心。
・同好團體以其無階級自豪。舉例而言，有一個擬議中的高速公路交流道危及一棟具有紀念價值的十九世紀磨坊。投入其中，貢獻你的力量，不久後你可能發現自己竟然與鎮上最大製藥商的女董事長站在同一陣線上。更棒的是，找出你的十大「非知道不可同好團體」，而且要想好如何打入這些團體。

你可能有許多很好的理由不願意在這類網站上分享個人資料，但你可以學習它們如何運作。融入其中，即使你只是以「幽靈」（ghost）身分在聊天室與人互動。切記：「拯救黃楊木豎笛協會」可能引不起你的興趣，但演奏木管樂器可能是你最大客戶最愛的休閒活動。

麥凱箴言

融入人們的興趣，可以確保你發出的訊息被人們清楚聽到。

62

別把心理速限訂在五十

「用它，否則就會失去它。」這是我最喜愛的格言。你是不是已經年過五十，但卻經常銷售產品給二十五歲到四十五歲年齡層的潛在客戶？如果你不了解這些比你年輕的人的生活方式，如何指望銷售成功？不妨趁著在健身房練腹肌，或在跑步機上跑步時，問問周圍的年輕人是從哪裡得到他們的資訊和娛樂的？你可以嘗試以下方法：

・用筆記型電腦看一齣當紅的串流電視節目。選擇你平常不會看的一些東西，像是《宅男行不行》（*The Big Bang Theory*）或《舞林盟主爭霸戰》（*So You Think You Can Dance*）。除了觀賞內容外，也要仔細留意廣告。

・你可能不同意強・史都華（Jon Stewart）的政治觀點，但根據沛優研究中心（Pew Research Center）和其他權威市調機構的調查，有多得驚人的年輕人從電視頻道「喜劇中心」（Comedy Central）的《每日脫口秀》（*The Daily Show*）獲得新聞。所以如果你想知道年輕客戶在看些什麼，不妨改變你的觀賞習慣，了解強．史都華做了什麼、說了什麼。

・你在市區另一邊的競爭對手，下班後最喜歡去哪些酒吧？抽空順道去看看，同時留意那些吸引了大群友伴的年輕人。運氣好的話，你還會聽到一些驚人的八卦。

・你的上司很可能比你年輕，他們的反應可能也更靈活。如果他們以玩極限滑雪板爲樂，你不必冒生命危險跟著耍「急停」或「自由切」特技，但何妨學一、二個術語，並了解這種運動追求的目標。

・如果你的腰圍已經變成個人奮戰的戰場，而你正參加公司部門的午餐會，不要點飽含反式脂肪的大餐。你要隨時注意飲食趨勢。不知道什麼是醬醃螃蟹和泡菜嗎？那你一定不知道韓國菜現正流行。

・你曾用Kindle閱讀器看過書嗎？你是否經常瀏覽《連線》雜誌的網站，查看最新的應用程式和科技創新？你和兒女或孫兒女玩過Xbox遊戲機嗎？

銷售達人不是只在成交上連續出擊成功，還必須讓自己保持成長，思維上更要與時俱進——不僅是在經驗上，更重要的是伴隨的心態和語彙。而這些都向客戶傳達了令其難忘的訊號。

麥凱箴言

如果你想繼續留在比賽中，最好弄清楚自己現在的排名。

63

抓得住科技通

如果你上網搜尋賣東西給科技通的建議，要找到萬無一失的建議可能比你想像的還要困難（所謂科技通是指鑽研深入科技領域者，他們透過科技透鏡來看待和感受世界）。

你和我可能覺得自己在買賣很熟悉的東西，但對一些人來說，世界的面貌可能截然不同於你我。你的挑戰是進入他們的世界，以激發其想像力和渴望的方式與之交談，務必謹記，千萬別吹噓過頭。

以下十一點項建議將幫助你抓住科技通的注意力：

一、了解你的產品。如果你銷售的產品是稍具科技性（例如：烹調用電器）或完全不具科技性（例如：設計家香水）這類賣給一般消費者的產品，那麼你不必完全了解產品就能說得頭頭是道，自信十足。祕訣是：別想以你略知皮毛的背景讓科技通對你五體投地，因爲你根本就辦不到。

二、不懂就別說。別在科技通面前裝懂。只要簡單說：「我不知道。」——尤其是如果你自以為懂，其實不然——就可能贏得他們的尊敬和信任。不同於銷售其他產品，你可能確實有必要先學習科技才能銷售科技產品。如果你沒有科技背景，另一個在銷售高價工業產品時常見的解決辦法是，指派一個貨眞價實的技術專家至銷售團隊中。

三、別叨絮不休，想到什麼就脫口而出。你可能正與某人交易原音片段（sound bites），而對方是那種工具箱裡有三種尺寸的尖嘴鉗，而且還會分辨搜尋演算法和字串演算法的人。祕訣就是你的說明要條理分明，不要隨意從一種特性跳到另一種完全不相干的特性。

四、不要有刻板的性別成見。別因為你推銷的對象是女性，就以為面對的不會是科技通。麻省理工學院大學部的學生有近半數是女生。

五、搬出權威。認識最高測試機構、商業刊物、可接受贊助的競賽，或受推崇的執業者，可以為你銷售的產品或服務的品質背書。它們是科技通在做複雜決策時，極度仰賴的權威。

六、釋放客戶的創造力。科技通以發揮其創造力自豪，展示能激起他們興趣的功能，他們往往會熱烈談論認為是優點的特性。這時候，退一步只管讚許地點頭。

七、要了解「新奇」是吸引人的賣點，而非威脅。科技通熱愛新奇事物。一般門外漢只要看到一連串數據就會嚇壞。然而，典型的科技宅男喜歡啃統計數據甚於能量棒。務必確定你確實了解自己推銷的產品。

八、掌控好科技性交談。如果你對產品的科技面不熟悉，只是扮演產品協調者的角色，那麼你必須安排好能回答問題的製造、工程或產品專家。換言之，你只要點擊一下，隨時都能連線相關人的電話和電子郵件。部署好可靠的支援網絡，做好後續追蹤，以確保發生問題時能得到迅速而充分的解答。

九、消除擔憂。很可能科技通客戶已經完全信服你的產品是很棒的工程傑作，那麼你現在的任務是創造一種安全感，以消除他們對於非科技面的擔心。他們的擔心可能是：它的外型夠好嗎？管理階層會認爲它太花俏嗎？我的非科技通同儕（或朋友）會認爲我做了自以爲是的決定嗎？

十、銷售服務要俐落。許多科技通抗拒購買服務，因爲套裝服務在他們看來往往搭配得太鬆散、隨便和武斷。精簡、理性的組合方式，尤其是各種功能的巧妙搭配，就能對他們發揮神奇的效果。

十一、穩紮穩打。科技通買主往往需要時間說服自己相信產品的優點，太早施壓要求成交可能讓你前功盡棄。

麥凱箴言

別讓通往真正科技通的心的電路板發生短路。

64

善用攝影機

數十年，甚至數世紀來，業務員都是趁洗澡，或是站在鏡子前來練習話術。在我的著作和專欄中，我向來建議求職者利用家用攝影機改善面談技巧。今日，高品質的網路攝影機已是大多數筆記型電腦的標準配備，也是我們日常生活不可少的東西。

攝影機再度成為重要的銷售練習工具，它們也漸漸變成實際銷售拜訪的媒介。

銷售的場景正慢慢產生變化。曾任偉達公關公司（Hill & Knowlton）執行長、後來創辦迪倫許奈德集團（Dilenschneider Group）的鮑伯．迪倫許奈德（Bob Dilenschneider），定期爲客戶闡述產業的大趨勢，而我的名字有幸二十五年來一直在他的限定獨享郵寄名單內。

鮑伯蒐集的許多資料令人印象深刻，以下內容應該能深刻啟發放眼未來的業務員，刺激他們重新思考自己的核心話術：

・新興的「科技可能讓『面對面會議』失去意義，因爲嚴格來說，視訊會議（telepresence）就是在面對面開會。隨著這種技術日益普及，愈來愈多企業將選擇使用視訊會議。」

・「與人『面對面』交談的成本愈來愈低廉，假以時日視訊會議可能取代親身出席會議，就像電子郵件取代一般信件。」

・「無線網路（Wi-Fi）電話變得日益方便和安全，利用iPad舉行視訊會議已經變得可行。」

然而，這並不表示準備變得不重要，反而更加重要，因爲隨著行動會議科技崛起，銷售會議和簡報很可能透過行動裝置舉行。

麥凱箴言

業務員的前途操之在己的古老說法，今日聽來，格外真切。

65

數位版客戶服務

網際網路最令人興奮的一點是，有時候你可以從不熟悉的資訊來源找到深富啟發性的點子。MyCustomer.com網站在二〇一〇年十月張貼了一則文章，作者是社群媒體LinkedIn創辦人史蒂芬斯（Guy Stephens）。除了他的身分外，我對史蒂芬斯毫無了解，但他的看法確實有道理。這則貼文的標題是：〈一切都在改變：重塑客戶服務的四個趨勢〉。

史蒂芬斯的訊息指出了這個主題牽涉廣泛：「社群媒體在二〇〇九年崛起成為變革的觸媒，首次透露出客戶服務在贏得客戶的情感與理智上，扮演重要角色的可能性。」

以下是史蒂芬斯指出的四大趨勢，也加上了我個人對於為什麼它們如此具有震撼性的解釋。

一、**「協助網絡（help network）的興起」**。在社群媒體眞正開始蓬勃發展前，人們必須仰賴製造產品與服務的公司提供協助。現在，客戶可以仰賴彼此。「可以在信任的『朋友』間分享資訊的社群平台極其重要。」這讓客戶更加自給自足，同時權威的建議來源更加分散。推特的崛起也促使百思買（Best Buy）等零售商推出自己的Twelpforce這類網絡，而這類創新管道允許客戶直接藉推特發送資訊給百思買最強大的知識庫：員工。協助網絡使許多客戶變得比業務員、甚至產品設計工程師更了解產品！這股趨勢將在未來十年掀起售後支援世界的革命。

二、「『行動式』客戶服務」。像iPhone和摩托羅拉之類的智慧型手機已重新界定接近客戶的方式。「客戶服務不再局限於在固定的地方、固定的時間協助客戶。」資訊的給予者和接受者擁有各種科技選項，而且不管在世界任何角落都能提供服務。

三、「信任分散化」。網絡加可移動性正重新定位信任的重心，並遠離產品與服務的提供者。就某個角度來看，現在企業必須努力贏回自己才是產品最可靠權威來源的地位。史蒂芬斯指出，YouTube已經變成一個「影片知識庫」（WikiHow則是另一個）。我要把這個趨勢拿來與維基百科逐漸崛起成爲綜合資訊參考工具的同義詞相比擬。當然，史蒂芬斯說他發現這類新資訊匯聚者提供不容置疑的證據，「顯示知識也有病毒式散播的能力」——亦即幾乎不受干擾地靠口耳相傳來傳播。

四、「商務程序的仲裁」。最後一點特別值得深思，「商務流程本身正轉移到中間人（intermediary）手中。」不容置疑的證據顯示：投訴「的對象不再只限於公司本身，也不再限於以電子郵件或打電話等投訴方式」。

麥凱箴言

當你設立協助熱線後，要好好經營它，否則公司信譽可能毀於一旦。

快課一分鐘22

修剪話術

在許多企業對企業（B2B）交易中，資訊長已變成高階管理團隊採購決策中極其重要的夥伴。

根據《資訊長》（CIO）雜誌編輯葛雷高瑞（Jerry Gregoire）的說法：「資訊長階層的主管為什麼不信任資訊科技業務員，最主要的原因是，業務員一直使用為保險、汽車和房地產業設計的銷售話術——它們並非專為科技業而設計。」千萬切記：你的投球目標是對準誰？這包含了對方的思維與決策行為是如何被訓練出來的。你抓取腦灰白質的方式一定與你抓取土壤的方式不同。

這有什麼影響？「資訊長具備科技和高等教育背景，他們的生活充滿科學符號和條理分明的思維。」

本書致力於設計幾乎能適用於各行各業業務員的銷售技巧和態度，以期能帶動銷售成功。我所提供的訣竅創造了一個穩固的開始，以達成傑出的業績表現。但你不能光靠本書的智慧上戰場，尤其你又是銷售高科技產品給太空時代的優秀頭腦時，你還需要科技知識，而且往往是高層次的知識，以及每天與科技通打交道的經驗，通常他們的思維不同於平常人，更偏好分析。

大聯盟的總教頭知道，碰到哪個強棒打者要派哪個救援投手上場對付。同理，業務員需要磨練專門的技巧或是求教於專家，才能促成與高科技潛在客戶的交易。

66

網際網路時代的客戶服務

多年來我們相信，如果客戶得到的是差勁服務，他們約莫會向二十個人抱怨。反之，如果他們享受到一流服務，可能也會告訴一些人，但是絕對比不上前者的人數。

進入網際網路後，壞話可以瞬間傳遍全世界。好話亦然，但好話分享的頻率低得多。

聯合航空（United Airlines）就從痛苦的經驗中學到教訓。二〇〇八年三月，卡羅爾（Dave Carroll）和他的樂團「麥斯威爾之子」（Sons of Maxwell）搭乘聯航從哈利法斯（Halifax）途經芝加哥，飛往奧馬哈（Omaha）。根據卡羅爾的說詞，在中停芝加哥時，一名坐在樂團邊的女士往窗外看，然後大叫：「他們把吉他丟到外面去了！」

樂團成員目睹昂貴的樂器遭到粗暴的對待。光是卡羅爾本人的吉他就是一把三千五百美元的泰勒牌吉他。他向空服員反映後，被請到飛機外的一名經理那裡，但對方宣稱沒有職權，說完便掉頭走開。第三個在登機口的職員駁斥他的投訴，並解釋說：「這就是我們要你簽棄權聲明書的原因。」問題是，沒有人要求卡羅爾和他的樂團成員簽任何棄權聲明書。

當他終於飛抵奧馬哈並檢查他的吉他後，他發現吉他的基座已被砸毀，即使花了一千二百美元修理也無法恢復原貌。卡羅爾向聯航求償的經驗，是一則持續九個月的電話、電子郵件、傳眞、推卸責任，最後歸結爲一句：「抱歉，我們不賠。」的恐怖故事。大多數人這時候會乾脆放棄，不似卡羅爾創意十足。他把這次的事件扭轉成其音樂生涯中一次難得的良機。

「當時，我意識到自己是在打一場贏不了的戰爭，」卡羅爾寫道，「這套制度的設計是爲了挫敗當事人客戶的鬥志，讓他們放棄求償，而聯航在這方面很有一套。但我發現，身爲歌曲創作者和巡迴表演音樂人，我並非無計可施。在我給聯航代表的最後答覆中，我告訴她，我會寫三首關於我與聯航這整件事的歌，然後我會製作這些歌的MV，讓人們從YouTube免費下載。我的目標是：在一年內，達到一百萬人次的點擊率。」

卡羅爾果眞達到一百萬人次的點擊率，而且還多出了九百萬人次。兩年後，突破一千萬大關，而且這段影片至今仍然大受歡迎。

聯航當然也注意到了，CNN在影片達到五萬人次觀賞後做了報導，聯航承認那是一次「獨一無二的學習機會」，並把整個事件納入他們的訓練課程。而且，他們終於同意賠償卡羅爾的損失，但卡羅爾拒絕接受，並建議聯航把錢賠償給更有資格的旅客。有哪家公司承受得起這種公關宣傳？聯航的信譽已遭玷汙。

許多航空公司在二〇一〇年到二〇一一年間，碰到許多因天候而取消航班和其他服務的問題。航空公司開始轉向利用推特和其他社群媒體，以提醒自己旅客關心的問題，並且採取措施解決客戶問題。

社群媒體網站正迅速變成二十一世紀的客戶服務櫃檯。

像安姬的名單（Angie's List）和Yelp這類網站，提供未加篩檢的產品與服務評論，它們的興起賦予客戶服務全新的意義。這類網站有些需要訂閱，有些完全免費。用谷歌搜尋你的公司，看看你們是否出現在部落格圈裡。還有永遠別低估YouTube和臉書的影響力。

業務員應該是公司裡最了解退貨政策的人，這也包括公司授予業務代表職權去與大眾打交道，處理銷售後續事宜，更重要的是，在問題解決後還要確保客戶對結果滿意。制訂一些政策以強化員工抱持「客戶不一定都是對的，但客戶永遠是客戶」的態度。卓越的客戶服務是公司得以成功最重要的因素。

支持針對客戶所做的專業調查，給這些機構評鑑你們服務的機會。這是不必花錢雇用顧問，就能改善公司的機會。然後，儘可能做出必要的改變。

公司服務客戶的方式應該嚴格執行。當客戶有不切實際的期望時，誠實是他們唯一可接受的答案。幫助客戶了解你們產品的重點，必要時也告訴他們產品有哪些限制。有些業務員甚至幫助客戶爲其特殊需求尋找替代來源，然後再從他們眞正擅長的其他產品或服務贏回生意。

永遠別忘記，只要一次搞砸的客戶服務就可能付出在YouTube上數百萬次點擊率的負面宣傳代價。它可以輕易耗掉一整年花在形象廣告上的預算，甚至超出許多。

麥凱箴言

如果你無法提供滿意的客戶服務，他們會昭告天下。

67

麥凱25清單

「麥凱66客戶檔案」已變成客戶／潛在客戶會談準備的經典工具。但一段時間下來，我們發現需要一套不同的會談前準備工具，我稱之爲「麥凱25」。

麥凱25較精簡，較不著重個別買家或潛在客戶的身分，而較偏重立即窺知有關潛在客戶或買家的資訊。它嘗試指出今日一般所稱的「關係銷售」（relationship selling）的核心問題。如果你同意我的觀點：人重於價格，那麼這份清單可以成爲你仰賴的工具。這份清單的另一個主旨是，協助修補問題，以建立穩固的客戶關係。

麥凱25
銷售拜訪準備清單

日期：

業務員：

拜訪對象檔案

1. 姓名：

暱稱：

職銜：

行政助理：

接待員：

聯絡電話：

電子郵件：

公司名與地址：

開車與停車特別注意事項：

2. 拜訪目的：

銷售歷史

3. 新客戶？失效客戶？（如果是，註明原因）

如果是失效客戶，上一位客戶經理與關係結束日期：

上次拜訪這家公司的日期與結果？

準備拜訪的人

4. 這個人在決策鏈中的功能？（蒐集資訊、評估資源、做專案決策等等。）

如果拜訪的聯絡人不是最終的採購決策者，拜訪的聯絡人在決策鏈中的地位如何？

5. 這個人在蒐集資訊或做決策時有沒有個人偏好？

6. 拜訪的聯絡人喜歡談論什麼話題？在工作和個人層面上，激勵其表現的因素爲何？

7. 聯絡人是不是高科技溝通者（使用黑莓機、智慧型手機等等），而且對方也會期待我們以這類方式保持聯絡嗎？

這個拜訪必須獲得/留下哪些資訊？

我們的形象

8. 爲什麼向我們購買或增加對我們的採購可以增進對方部門的績效？有利其事業生涯？

9. 這個潛在客戶／客戶期望自己如何被推銷和對待？

10. 直覺上，這個客戶喜歡／不喜歡我們哪些地方？

11. 這個客戶／潛在客戶對我們抱著何種看法（策略上、財務上、對我們的品質與服務的水準）？

這個客戶／潛在客戶過去曾發生過服務或品質方面的問題嗎？未來，我們可以如何避免發生類似問題？

12. 是否有必要就我們即將採取的營運/服務/定價計畫，提供相關資訊給這家公司？

13. 我們公司和客戶/潛在客戶是否共同參與任何社區活動或贊助活動？有無任何值得一提的相關近期新聞？

市場

14. 可以向這個聯絡人提出哪些關於市場的有用新資訊？

15. 我們可以提供哪些關於競爭者的有用新資訊？有沒有可信的業界傳聞？

16. 我們如何協助這家企業，在行銷定位上達成策略性或戰術性的突破？

17. 我們會在哪些即將舉行的產業或商業活動上，與這家公司接觸：

最新情報

18. 公司網站（如果是一家子公司，也要把母公司包括在內）：

務必上網搜尋公司最新消息。

19. 就這樁生意而言，誰是我們主要的內部和外部專家資源，他們推薦採用何種方法？

20. 潛在客戶／公司的財務狀況如何？

21. 最近有進行或即將進行組織調整嗎？

22. 大致來說，這家公司採購決策的主要決定因素是什麼（價格、品質、創新等等）？

競爭地位

23. 假設目前這家客戶的服務廠商是另外一家競爭公司，找出這個競爭對手是誰：

24. 如果競爭對手已與這家客戶往來，時間已經多久？他們爲什麼受到客戶青睞？

25. 這家競爭對手的客戶經理或代表是誰？（他們的客戶人事部門有沒有提出任何重要呼籲或批評？）

68

未回覆的服務

業務員最大的苦惱莫過於未回覆的電話、遭到忽略的簡訊，或在網路世界迷途的電子郵件。

你知道你的優先順序和他們的優先順序不同，但是獲得他們的關注也是你薪酬的來源。

打電話就是友善的服務。目的不在於馬上達陣得分，而是得到回覆。

你可以添加各式各樣的誘因，讓打電話得到回覆。以下是一些我最鍾愛的方法：

・找出你的銷售目標對象最偏愛的慈善機構，並且保證如果他們回覆你的電話，你就會捐出一百美元。

‧得知對方最支持的非營利社群組織，並提議用十個小時的公益服務交換一次會面。

‧探聽銷售目標對象最偏愛的慈善機構，是否需要一些你公司能提供的贊助設備或服務，並讓該機構知道你想捐獻。

‧閱讀對方最近發表的評論，或在商會的演講，然後寫一封信告訴他爲什麼你覺得那些內容很有道理。

‧如果有商業或產業會議在遠地舉行，找出當地最受歡迎的餐廳，事先訂好位子，並寄出短柬提議雙方在會議期間可以見面。

‧以精簡、有效和富建設性的方法，分析潛在公司客戶的最新產品。最好還能寄給他們一份技術專家所做的稀有分析報告。

‧診斷競爭對手推出的新產品線，並寄一份簡短報告給你的銷售目標對象，說明爲什麼它能爲他們的公司創造意外的機會。

‧與銷售目標對象的行政助理聊一聊，打聽對方的嗜好、假期或故鄉，以期能與這個守門人建立情誼，彼此可以透過電話聯繫，這會有助於打開生意之門。

麥凱箴言

雖然打電話的成本已經降低，但回覆的成本卻經常不降反升。

快課一分鐘23

就是無知！

科技不是選項，而是不可或缺！

以對電腦一無所知自豪的業務代表和經理人只對了一半……他們確實無知，但沒有任何值得自豪之處！

69

善用推特帶進銷售金蛋

山姆．芮契特是全美知名的網際網路銷售權威。我曾在前文提到他對LinkedIn和臉書的寶貴建議，接下來是山姆與我近日針對推特影響力的討論。如果你不「理解」推特的心理狀態，了解它如何改造銷售世界，你將自取滅亡。

Q 山姆，推特對我們了解世界運作的方式已變得有多重要，尤其是在商務世界？

超過二億人擁有推特帳戶，每日張貼的推文多達數千萬則，使得推特變成最受歡迎的線上溝通形式。推特是二〇〇九年網際網路關鍵字搜尋的第四名。

推特是目前世界上用戶最多的社會性網路書籤、社群網路和社群行銷網站之一。推特的使用者中約有七〇%把推特應用在商務用途上。

Q 我們都知道社群網路的重要性會持續擴大，銷售、業務發展和客戶管理等專業人員，必須學會使用推特，將它當作一項研究工具和銷售技術。請簡要告訴我們推特的運作方式。

推特是一種即時傳訊工具，能在電腦和行動裝置上使用。推特的訊息可以傳遞給網際網路上任何想閱讀它的人。當一個人登錄免費的推特帳戶後，就能一次傳送一則不超過一百四十個字的訊息，包括空白和標點符號在內。

推特的訊息簡稱推文（Tweet），通常包含一個數位內容的連結，例如一個網站、一段影片或照片。有推特帳號的人可以關注（follow）其他推友，只要上其他人的推特網頁，按下「關注」鈕（你可以利用推特本身的搜尋引擎找到其他推友，或使用像Tweepz等專用搜尋引擎）。你可以用自己的推特帳戶，閱讀你正在關注的推友發出的訊息。

Q 這似乎有點愈來愈複雜了。推特突然每天為我製造了許多新工作。我希望推特讓我的生活變得更簡單，而不是變得更複雜。有沒有可以派上用場的工具？

解決辦法就是匯整（aggregation）。匯整的意思就是聚集和整理。一旦你開始關注許多人，你可能需要像TweetDeck（tweetdeck.com）或HootSuite（hootsuite.com）之類的推特匯整工具。這些免費或收費服務可以協助組織你正在關注的推友，整合包括臉書和LinkedIn等多個社群網路或帳戶，它們也是管理你自己推特帳戶的好工具。

Q 我們的目標是能更輕鬆也更自信地把推特當作一項工具使用。你也提供了一個供人下載的捷徑，來幫助業務員管理推特。

讀者可以在我的網站www.knowmorecenter.com上，找到許多推特的相關資源。下載並安裝免費的「了解更多！」（Know More!）工具列，你就能又快又輕鬆地從任何網路瀏覽器直接取用我最喜愛的銷售情報資源。

從銷售情報的觀點來看，推特是絕佳的工具，因爲人們傾向於分享個人、甚至隱私的商業資訊。我曾看過人們在推特上公開他們正在研究的新產品、即將召開的會議，甚至機密的客戶，這些對業務員來說都是寶貴的資訊。

Q 這突顯了一個重要的區別：即使你自己不想在網路上散播這類資訊，但是如果你不追蹤其他人正在說什麼就太過愚蠢了，尤其現在是一個知識即時公開的年代。同樣的，有沒有捷徑可以讓這個工作更輕省些？

我推薦一種推特搜尋引擎Topsy（topsy.com）。利用Topsy可以看到推友間有關你想搜尋的主題的即時交談。例如，輸入一家公司的名稱，你會發現人們——員工、經銷商、客戶、媒體等——對該公司和產品的討論、新聞分享等等。

你也可以設置Topsy警示。在Topsy輸入關鍵字搜尋，如果你喜歡得到的結果，就按「設置警示」，那麼未來只要有人張貼任何與你所選擇的主題相關的推文，Topsy都會寄給你一封電子郵件。這是讓自己保持領先競爭者、客戶、潛在客戶和其他人的絕佳方法。

Ⓠ 截至目前我們談論了把推特當作一項搜尋情報的工具，至於利用推特發表產品，以及建立客戶對你的公司的忠誠度等方面，你有什麼看法？

推特已變成一種強大的行銷和銷售支援利器，數以千計的公司已利用推特：

- 向大眾推介產品；
- 促銷創新功能；
- 改進服務與支援；
- 交叉銷售（cross-sell）和追加銷售（up-sell）；以及
- 與忠誠客戶溝通。

Ⓠ 從第一則推文於二〇〇六年三月張貼至今，推特已掀起購買與銷售心理學的革命。我聽說個人電腦業巨擘戴爾（Dell）走在推特爆發的尖端，能不能說明推特如何促成戴爾銷售的革命。

戴爾使用推特蒐集客戶在網路上對戴爾產品的看法，甚至設立了一個專責的「社群媒體監聽指揮中心」，在網際網路上四處搜尋客戶提到戴爾產品的即時交談。以戴爾公司的規模來看，這表示提到戴爾產品的討論一天可能高達數萬則。

如果談論的內容是正面的，戴爾會向客戶致謝。反之，如果是負面的，那才是採取行動的開始。戴爾授權社群媒體部門可以直接與客戶聯絡並解決問題。不管是指引客戶到自助網站，或協助客戶找到可供應必要零件的當地零售商，戴爾員工都可以立即解決問題。

小公司或許無法負擔這種無微不至的服務，但公司老闆或業務經理也可以輕易發起簡單的推特活動。

Q 這就是最重要的差別所在。推特不是傳統行銷工具，傳統行銷是單向溝通，公司告訴潛在客戶和客戶有什麼產品或服務。印刷品、電視、廣播和線上廣告被用來促銷品牌，告訴視聽眾特定的訊息。另一方面，推特是一種交談工具。

推特意味吸引視聽眾，並且鼓勵其成員參與談話。推特眞正的力量是關注者對你的訊息發表評論，或轉推你的訊息。這是多麼強而有力的背書！轉推（retweet）意味有人把你的訊息分享給他的關注者。幸運的話，有一部人會再轉推你的訊息給更多關注者。因此，你發給數千名關注者的一則訊息——如果夠好的話——理論上會有數百萬人看到並閱讀。

Q 相較於老式廣告，這是極具成本效益的傳播消息方法。

當其他人轉推你的訊息時，你完全不花成本，而且具有相當高的可信度，因爲它是信任的個人分享的資訊，而非公司強推自己的訊息。

Q 說說所有這些優點所引發的負面影響。就像銷售中經常發生的情況，貪婪和過度利用優勢往往會產生反效果，推特會不會也這樣？

因爲它的潛力如此巨大，企業往往會變得自私，只張貼對公司有利的推文。他們不肯花功夫爲訊息增添附加價值，使訊息本身更具有吸引力也更値得閱讀。

大多數上推特的人（除非是死忠客戶）並不想閱讀和你的產品、公司相關的新聞等這類訊息，他們要看的是有趣、有教育性、幽默，或者讓他們覺得很特別、且値得與他人分享的內容。

利用推特來傳播客觀的資訊。分享一篇聳動的文章，而不是你的行銷部門自己撰寫的空洞文章。保持坦誠，並傳播你認爲重要、有趣，而且是由可信的第三方所寫的看法。讓你的關注者知道你的公司參與或贊助了哪些很酷的活動。給你的推特關注者特別折扣或優惠券，並讓他們把好處分享給他們的關注者。

Q 推特實際上是一種新一代網絡，在網際網路上孕育和茁壯，它是否是一種網際網路版的即時羅洛德士（Rolodex）名片架？

想收到你推文的人，是那些已表達對你說的話持續保持高度興趣的關注者。獲得關注者攸關你的推特活動的成敗。顯然，讓推文廣爲傳播的唯一方法是擁有大量關注者；關注者愈多，你的訊息被轉推的機會愈大。

Q 這也是為什麼選擇一個容易記憶的名字很重要，例如我的推特名是http://twitter.com/HarveyMackay。

務必在你所有的行銷資料和溝通工具中，促銷你的推特使用者名稱。選擇一個容易記的名字——可能的話，用自己的名字最好。和你一樣，我的推特名正是http://twitter.com/SamRichter。

把你的推特連結加進你的電子郵件簽名中。放在你網站上顯著的位置；大多數公司把推特圖示放在靠近主導覽附近。在你所有的行銷資料上，打上：「請在推特上關注我」，並附上你的推特連結。把推特張貼和LinkedIn與臉書等其他社群網站整合在一起。

Q 推特和社群網站確實代表了今日銷售的新面貌，對吧？

從銷售心理學的觀點來看，推特確實是通往未來的一扇窗。在過去，業務員以資訊為武器，他們是最了解產品可以帶給買家利益的專家。有了像LinkedIn、臉書和推特為首的社群網站後，這種情況已然改觀。

在銷售新世界裡，買家擁有許多關於你的產品的資訊，不只是你提供給他們的資訊。透過網際網路，有許多來源可以針對你的產品提供可信資訊。為什麼它們可信？因為人們相信別人對你的評價，勝過你對自己公司的說法，如果你是業務員的話，更是如此。消費者會報導你的公司是否每天如實履行承諾。

像推特這類工具的社群特性，讓人很容易找到評論、你的公司如何處理投訴等等資訊。今日的買家有「買家情報」，這表示你也必須有「賣家情報」，而且只是並駕齊驅還不夠，還要更勝一籌。

麥凱箴言

在今日的銷售界，只有傻瓜才不懂得利用推特。

幸運餅乾——連結

- 沒有客戶服務＝沒有客戶。
- 照顧你的客戶，否則別人會來照顧他們。
- 凌晨兩點是嘗試結交新朋友最糟的時間。
- 要給別人建議時，「自己先做好」。

——摩根大通銀行執行長，戴蒙

- 絕不要和另一個業務員喝咖啡，喝咖啡只和客戶喝。
- 在我的辦公室會議桌上放著一副標語：「請勿干擾我們的會議，除非是客戶打來的電話。」

- 決定誰拿下訂單的永遠是人，不是規格。
- 耐心是讓你的燈發亮的能力，即使保險絲已燒壞。
- 你可以買到奉承，但欣羡卻必須用努力掙來。
- 如果你不能取悅每個人，那就取悅某個人。
- 能不能和重要人士享用一頓美好午餐，要看你能端什麼上桌。
- 尋找幫手最好的地方是你手臂的末端。
- 生意通常不是沉沒就是浮起，準備就是你的救生圈。
- 科技應該是用來改善你的生活，而不是變成你的生活。
- 別讓你的「出現」（appearance）導致你的「消失」（disappearance）。
- 別表現你實際年齡的行爲，要表現你心理年齡的行爲。

VII

邁向卓越

70

追求卓越

一位朋友將她在《小工具》（*Simple Tools*）上讀到的一則有趣故事轉寄給我，內容是關於爲「平庸公司」（Average Company）工作。我現在也在助你一臂之力，因爲如果你對追求卓越感到厭倦，或不滿足只是擁有一份好工作，你可能也想到那裡求職。

在平庸公司，公司的願景是：「比任何其他公司都差。」公司的價值聲明是：「最省勞力的裝置是明天。」還有更精彩的，公司的座右銘是：「你不需要眞的很厲害才能糊口。」公司的銷售目標是：「可以的話，儘量趕上去年的銷售目標。」而我最喜歡的平庸公司管理哲學是：「不做決定也是一種決定。」我敢打賭，你也碰過幾次這種情況。

「平均法則」告訴我們，到最後一切都只是個平均數。你會享有幾年的好光景，偶爾也會遇上一、兩年壞光景。如果管理得當，大多數公司都能度過難關，恢復強壯和健康。熬不過來的公司可能只是在擁有好光景的那幾年間，交了小小的好運罷了。

如果你為平庸公司工作，你知道有時候情況會比其他時候順利。你努力了，但偶爾情況會超出你的控制……或者，真是那樣嗎？我的看法是，你是自己運氣的創造者。

我愈努力工作，就變得愈幸運。

——湯瑪士（Dave Thomas），溫蒂漢堡（Wendy's）創辦人

我研究了一些以卓越著稱的公司，想知道究竟是哪些核心價值、企業文化和經營哲學撐起了這些公司。其中一家是保險業巨擘丘博（Chubb）。我有一位朋友是丘博的獨立保險代理商兼經紀商，他對丘博讚譽有加。保戶因為滿意而推薦丘博給其他人。企業執行長也稱許丘博的企業保單和服務。

長期以來，丘博一直信守誠實、迅速、親切有禮、同理心等價值。從一八八二年以一家海上保險商起家的丘博，今日已是資產超過五百億美元的跨國保險業巨人。丘博向來以低員工流動率聞名，多數員工長期為公司效力直到退休。這對一家在全球二十七個國家、一百二十個辦事處，擁有一萬零四百名員工的公司來說，格外難得。丘博有一個二十五年資深員工俱樂部，會員多得不可勝數。

丘博的徵才哲學是：尋找並留住最好與最聰明的員工。公司要求所有員工，不論他們在組織裡的職位高低，都要承擔起個人的責任；他們也以員工薪資優於其他公司而自豪。丘博也持續嚴格考核其產品獨立代理商兼經紀商的銷售績效。

丘博灌輸全體員工，以及獨立代理商兼經紀商一個核心信念：「保險不只是一張保單而已。」從早年開始，丘博就強調全程提供最佳服務的重要性。這家公司以迅速處理和支付所有正當理賠，而成為保險業界的傳奇。

所有丘博人都把公司的文化銘刻在身上，他們受的訓練就是要擁抱創新和敢於承擔風險。他們不斷被提醒，如果他們的服務無法超越客戶的期待，那麼每一次接觸客戶都可能是最後一次。丘博的目標不是要成為全球最大的保險公司，而是強調永遠努力把事情做到最好。他們想成為最卓越的全球產物保險公司。

絕不會有人把丘博錯認為「平庸公司」。

麥凱箴言

世界上最大的房間，就是改善的空間。

快課一分鐘 24

堅持不懈能戰勝一切

石油大亨洛克斐勒（John D. Rockefeller）曾說：「我認為在成功的特質中，沒有任何東西比堅持不懈更不可或缺。堅持不懈可以戰勝一切，甚至大自然。」

我絕不會忘記多年前收看《大衛．蘇斯欽》脫口秀（*The David Susskind Show*）的震撼，現場三位受邀的貴賓都是白手起家的百萬富翁，年齡都在三十五歲上下，每個人都在成功前從事過十幾個不同的事業。

歷史上，堅持不懈的成功故事俯拾皆是。格瑟爾（Theodore Geisel）一九九一年以八十七歲高齡過世，他在死前寫過四十七本書，翻譯成十八種語言，全球銷量合計逾一億冊。大多數人不知道這位寫了《戴帽子的貓》（*Cat in the Hat*）的蘇斯博士（Dr. Seuss）是在三十三歲時才寫了第一本書，他的第一本書曾被二十八家出版商拒絕，直到被先鋒出版公司（Vanguard Press）看中。

失敗與成功的界線如此細微，我們往往越界而不自知——細微到我們站在線上都不知道。有多少人在最後只要再加一把勁、再多一點耐心就能邁向成功，但卻兩手一攤宣布放棄。

71

如何爭取夢寐以求的工作

幾年前，一位加州的老朋友突然打電話來，問我能不能給他一些建議，讓他可以獲得一份應徵中的夢寐以求工作，他認爲自己被錄取的機率非常大。這個工作是一家中型大學的體育主任，學校當局希望能把體育課程提升到新的層次。壞消息是，有六名應徵者同時在接受面談！

我在一個小時內爲他訂出一套策略，並且向他保證如果遵照計畫執行，他自然可以大幅領先其他競爭者。以下是我建議他做的事：

- 擬一套三到五年的企劃案，並描述他執行這套企劃的策略和戰術。
- 訪問學校前五任體育主任，或者能找到多少就多少。詢問他們如果有機會再重來一次，他們會採取什麼不同的作法。

・擬訂一套募款計畫，因爲大多數的體育計畫都面臨財務拮据的窘境。
・蒐集徵才委員會的名單，上網搜尋他們的相關資料，還加上他針對自己所做的個人網絡研究。
・匿名參觀該所大學，在校園裡與學生談論他們對體育主任的期望。
・暗中聯絡十二大聯盟委員，汲取任何可得的意見。
・具體描述他打算如何應付媒體，因爲前任體育主任失敗的計畫在這方面做得很不理想。
・評量助理體育主任。如果想換掉，告訴徵才委員會準備雇用誰。
・蒐集當今知名的成功體育主任名單，以便在需要時可以提供意見。讓徵才委員會知道他們的名字，以及他們在這個圈子裡的人脈有多好，還有他本人過去幾年來所建立的專業網絡。

我的朋友當然得到了那份工作，從此展開一段輝煌的事業生涯。可以說每一個成功的步驟都奠基在類似的準備上，而且每一次的準備會愈來愈好。

這個準備過程的重點是：天底下沒有不勞而獲的事情，如果你眞的很想要一份工作，請務必做好萬全準備。只要有備而來，便能從容應付任何艱難的面試。如果你想說服別人你是某個工作的絕佳人選，就必須說服他們相信你知道如何把那份工作做好。

麥凱箴言

不做功課，你永遠無法通過考試。

72

愛上工作

我在美東最好的朋友是運動器材專家密契爾．莫戴爾（Mitchell Modell），他在東北地區開設了一百四十家分店。幾乎所有的紐約客都對「找莫戴爾就對了！」這個標語耳熟能詳。他對運動瞭如指掌，也知道人際網絡是最具挑戰性的「接觸運動」。起初他使用羅洛德士名片架，然後是黑莓機，現在他用的是iPad。他和我一樣，晚上害怕上床睡覺，害怕睡著時會錯過某些東西。總之，密契爾熱愛他的工作。他的墓誌銘很可能是：「他沒辦法快快安眠。」

然而調查發現，有無數人討厭他們的工作。他們害怕上班。他們在星期天晚上生病，因為他們第二天早上必須去上班。我很同情這些人，希望我有什麼神奇藥方可以醫治他們。

如果你不能換工作，就換態度。

除了不快樂的婚姻外，沒有什麼事比不快樂的工作更悲慘。五〇%的婚姻以失敗收場，但有多少人會因爲上司快把我們逼瘋了，或公司自助餐廳的咖啡太難喝而辭掉工作？

幾年前，我會爽快地說：「辭職走人吧！」但在今日企業動輒裁員的環境下，你無法走出公司大門到了街尾就找到下一個工作。孩子還在唸大學、沉重的抵押貸款和信用卡債務，讓更多人不敢輕易放棄工作。

不是只有低階員工會面臨這種問題，我認識許多主管只要一進辦公室潰瘍的毛病就發作。寶琳是東岸一家大公司的資深主管，她擁有一切風光的外表：大房子、漂亮的汽車、俱樂部會員證。但績效必須超越去年、上一季和上個月數字的壓力，讓她愈來愈無法承受。她從未喪失堅持奮戰的決心，她只是犧牲健康。寶琳錯把工作當成生活，最後兩樣都落空。

如果你陷在一個你討厭，但卻無法放棄的工作，唯一的方法是嘗試改變你的心態。一個工作不可能一無是處，完全令人無法忍受，因此不妨先思考你最不討厭的部分，然後專心把這部分工作做好。設法成爲這方面的專家，讓你的傑出表現受到注意，那麼你在其他方面的缺點往往也會被大家忽略掉。

也許，你在文書作業上不是那麼強，但客戶喜歡你。你接到電話馬上就憑聲音認出他們，不必等他們表明身分。你會特別關注他們的要求，尤其是他們不合理的要求，都能獲得迅速而周到的處理。

或許，你在客戶關係上稍微弱些，但沒有人比得上你的文書作業。每一份報告都準時交出，而且完全正確無誤。如果不是你，那些紀錄一定慘不忍睹。

在心裡默想，告訴自己你多麼幸運擁有這個工作，提醒自己外面是企業裁員的環境，一個人若討厭自己的工作而且表現出來，絕不會是公司想盡辦法留下的人。

心態可以化解你在職場上的困境而逆轉勝，這也發生在運動場上。我的跑友丹尼斯・傑伯斯（Dennis Jabs）告訴我，他每天慢跑二英里，因爲他對自己說，只要他覺得身體不適就能停止跑步，改用走的走完其餘路程。

有一天，他跑了半英里後感覺身體不適，而停下跑步，他轉頭對我說：「哈維，過去兩個星期以來，每當我跑到半英里，我就想要放棄，心中告訴自己，我跑這樣就夠了。有時候，我眞的會放棄。但在沒有放棄的那些日子裡，我就覺得特別有成就感，好像我達成了我並未預期會做到——甚至不想做——的事，因爲我知道只要我下定決心就能達成。」

如果你討厭一個工作十年，別指望一夜之間就能說服自己愛上它。有時候，你難免會在半英里的路上放棄，但至少你知道自己能勝任工作。如果你能勝任，而且把工作做好，不論你有多麼討厭它，你都會感覺到一種成就感。

麥凱箴言

一個沒有試煉和磨難的工作，不算真正的工作。

快課一分鐘25

至上原則

事情不一定是我們向來認為的樣子。

舉例來說，一個媽媽在廚房，她對還在賴床的兒子大喊：「你上學快遲到了，快點下樓。」

兒子叫道：「我不想上學。同學不喜歡我，老師不喜歡我，大家都在背後說我壞話。我不要上學。」

母親衝上樓，打開臥室的門，指著兒子說：「你馬上給我下床，你一定要去學校，有兩個原因：

1. 你已經四十一歲了；還有，
2. 你是學校校長。

73

誠實

如果你爲人誠實，其他的都不重要。如果你不誠實，其他的也都不重要。

這句話相當程度地說明了道德是什麼。

已故管理大師彼得．杜拉克說：「至於企業的『道德問題』，我因爲不斷重申一句話，讓自己成爲不受歡迎人物，那就是根本沒有所謂『企業道德』，只有道德。」

道德在今日受到的關注遠甚於以往任何時候，這在當前企業醜聞層出不窮的情況下，許多人可能難以相信。我們現在要求的道德標準比過去更高也更嚴苛，違背道德的事情也被媒體大肆報導。從事欺騙、暗盤交易等勾當，但卻希望沒有人知道，在二十一世紀是很危險的行徑。一九八〇和九〇年代不計一切代價賺錢的心態，現在已被視爲貪婪、過度、完全錯誤的行爲。

許多公司開始採用遠高於平常的道德標準。例如，雷神公司（Raytheon）董事會有一席守德董事，所有違法、棘手的人事問題和道德難題都必須向這位董事報告。漢威（Honeywell）也有專責道德事宜的董事，以便員工更容易發現哪些行爲合宜或錯誤。公司無法強制員工具有道德良知，但絕對可以要求他們遵守工作倫理。

企業的銷售團隊和銷售作法，一再被視為公司道德的標竿。

許多人或許都曾面臨職場倫理的兩難，像是公司用品被偷，或目睹同事可疑的行徑等等。若要指引自己做出較佳的道德決定，不妨問自己以下問題：

- **這合法嗎？**理當如此做，不是嗎？但你會驚訝地發現，竟然有許多人不了解從地方到中央層級的法律。知道什麼是對的還不夠，除非你的行爲也循規蹈矩。
- **這麼做你會怎麼看自己？**問問自己，在特定情況下做或不做某件事，你會如何看你自己？有一次林肯被問到了一個道德問題，他引述了自己有次在印地安納州的教堂聚會中，所聽到的一位老人談話來回答：「做好事讓我感覺良好；做壞事則讓我感覺糟透了。」
- **其他人的感受呢？**我有自己的私人顧問團可以討論和交換意見。三個臭皮匠勝過一個諸葛亮，尋找值得信賴的朋友和同事，聽聽他們的看法，你需要各種角度的觀點。
- **如果你的行為被公諸於世，你會有什麼感受？**沒有人希望自己的行爲被貼上不好的評價。良心就像嬰兒一樣，它必須先睡得安穩，你才能睡得安穩。如果你不希望同事、家人和朋友知道某件事，那麼這件事一定有可疑之處。

- **這種行為合理嗎？**它會不會傷害別人？如果你擔心東窗事發，就表示沒有通過測試。
- **這件事公平嗎？**合乎道德的決定可以保護每個人的最佳利益；如果有疑問，就稱不上合乎道德。
- **有權批核的人會允許嗎？**你的上司怎麼說？問問某位管理者的意見。麥凱密契爾信封公司採取公開政策，允許員工與管理者討論任何事。
- **如果有人對你做同樣的事，你會有什麼感覺？**黃金律（Golden Rule）永遠是合宜的標準。
- **如果你不做決定，會不會發生不利的事？**有時候，不採取行動會對別人造成傷害。

這讓我想起榮登名人堂的高爾夫球好手瓊斯（Bobby Jones）一九二五年在美國公開賽的行徑，他的球桿碰觸草地時，不小心造成他落在深草區的球稍微移動了一下，儘管不可能有人看出那顆球移動過，他仍然堅持罰自己一桿。罰一桿使瓊斯與麥法蘭（Willie MacFarlane）打成平桿數，最後麥法蘭在延長賽中贏得比賽。

高爾夫球員凱特（Tom Kite）在五十三年後的一九七八年，做了同樣的事。自己要求的罰桿讓他以一桿之差，輸掉在北卡羅萊納松林（Pinehurst）球場舉行的名人堂經典賽。記者問兩人為什麼要求罰桿，兩人基本上回答一樣的話：「高爾夫球只能這樣打。」

當道德問題發生在家庭中，也適用同樣的原則。一位母親獲邀到兒子布里安的公寓共進晚餐，在用餐時，這位媽媽注意到布里安的室友珍妮佛長得非常漂亮。

布里安的媽媽長期以來就懷疑布里安和珍妮佛之間的關係。她在晚餐時看到兩人的互動，不禁好奇兩人之間是否有更深入的關係。

布里安看出媽媽的心思，主動說：「我知道妳一定會這麼想，但我跟妳保證珍妮佛和我只是室友。」

一個星期後，珍妮佛對布里安說：「自從伯母來晚餐後，我一直找不到那支漂亮的銀質肉汁杓。你認為會是她拿走的嗎？」布里安說：「我想應該不是，但為了以防萬一，我會寄一封電子郵件問她。」

於是，他寫了：「親愛的媽媽，我不是說妳『眞的』從我這裡拿了那支肉汁杓，但事實是，自從那天妳來晚餐後，它就不見了。愛妳的布里安！」

幾天後，布里安收到母親寄來的電子郵件，寫道：「親愛的兒子，我不是說你『眞的』跟珍妮佛上床，我也不是說你『眞的』沒有跟珍妮佛上床。但事實是，如果珍妮佛睡在自己的床上，她現在應該已經找到那支肉汁杓了。愛你的媽媽！」

麥凱箴言

誠實為上，但有時候誠實會讓你獲得很高的報償。

快課一分鐘26

整備好你的心智

發亮的鞋子和漿挺的領子在應徵銷售工作時，仍能留下鮮明的印象。但真正重要的還是衣領以上的東西。在應徵銷售工作時，最需要裝備的是你的心智。要盡量蒐集應徵公司的一切資料，並且了解其立即需求。仔細準備你的面談內容，就像你熨西裝外套一樣用心。

・談對方關心的事物。這家公司的執行長在近日發表的文章、股東會報告或公開演講中，強調了哪些訊息？把一些重要的專業術語和觀念，自然而然地加入你的談話中。

．對衰退中的事業或市場提供解決之道。你是否有可行的方案可以矯治弱點？你在頭三個月可以達成哪些可信的承諾？公司都喜歡可以快速做出重大貢獻的業務員。

．展現你在團隊銷售中的成功經驗。在大公司裡，銷售說明的工作往往由團隊分擔。展現你知道如何利用專家來達成一樁複雜的交易。突顯你有能力以低調方式支援別人成功達成任務。今日，所有人事精簡的組織都比以往更重視團隊合作。

．展現你的熱情。在面談開始之前，先讓自己專注在一份列出五到十項的「亮點」清單上。而且做好心理準備，一旦談話冷卻時，就把話題帶回到這些主題上。例如，它們可能是這家公司使用的行話，或某個新產品線相關的專業術語。身為業務員，人們會從你有無能力保持談話不冷場，來評判你。

．在熱烈的氣氛中結束談話。面談結束後，立即寄出謝函。再次展現你的熱情，並且強調你隨時隨地充滿活力。

74

讓品格變成你的最大特色

說到「銷售品格」時，通常會讓你聯想到什麼？遺憾的是，最常浮現的形象是在社交聚會上，某個穿著花俏運動外套、打著鮮豔領帶的人，以誇張的熱情和你套交情。好萊塢可能仍會繼續流連這種形象，但這種古老刻板印象正逐漸從我們的日常經驗中消失。

銷售品格正演變出一種全新的意義，重點在「品格」上，指的是在銷售中能做正確的事。例如，公平交易、嚴格的品質控管，和履行交貨的承諾。

品格是一個核武級的關鍵因素，而且你不難了解箇中原因。看看近來的全國性和地方選舉就知道了：通常，一開始是由一些基本上堪稱優秀的候選人展開競選，突然之間這些原本看起來可敬的候選人變成了一週七天、一天二十四小時暗殺品格的目標。攻訐和抹黑從不間斷，他們愈爲自己辯護，對手的攻擊就愈猛烈。年復一年下來，我們感覺就像是泅泳在一個道德崩潰的世界裡。我們如何才能從這種傾軋中脫身？把焦點轉回到行爲而非言論上。

企業世界的割喉競爭可能就像政治傾軋一樣激烈。當一天結束熄燈時，你可能賺錢或虧錢，你可能贏得或失去客戶，你可能做出正確或錯誤的決策。但如果一天下來你的品格依然完好如初，你就沒有失去任何永遠無法再獲得的東西。不過，一旦你毀棄了你的品格，那就是結束的開始，你每天回到家都是一個失敗者。霍茲教練這樣描述品格：

「對以下三個問題的回答將決定你的成敗：
一、大家信任我會盡最大的努力嗎？
二、我是否全力以赴做手上的工作？
三、我是否關心別人，並且表現出來？
如果這些問題的答案都是『是』，那麼你不可能失敗。」

長期以來，我學到一些有關品格的重要教訓，讓我分享幾點並推你一把：

- **絕不要因為競爭激烈而毀棄品格**。偶爾你會發現你的最大競爭者提供比你更好的產品、更好的價格，甚至更優秀的業務員。這應該會刺激你採取良性行動——改善你的產品、找到合理的方法降低成本、雇用能力更強的人、讓你的公司變得更好。
- **品格會跟隨你到每個地方**。除非你接受證人保護計畫，否則你無法逃避而重新來過。

要逃避你的過去已變得愈來愈難。你不相信嗎？上網用谷歌搜尋你自己。做蠢事之前先三思，免得留下惡名。二〇〇六年十一月，好萊塢名人丹尼．狄維托（Danny DeVito）上美國廣播公司（ABC）談話性節目《觀點》（*The View*）。他看起來不太清醒，而且在節目上承認：「我知道剛才喝的那七杯檸檬酒會要了我的命！」沒有多久，整個網路已經傳遍這件事。

・**培養品格很困難，想重建品格更難**。內在自我永遠知道什麼是對的，所以你應該仔細聆聽內在微小的聲音，聽它們告訴你留意自己的行爲。如果你拒絕相信自己的直覺，不妨徵詢值得信賴的朋友的意見。要確定這個人會對你直言不諱。

・**別把你的錯誤怪罪到出身上**。環顧四周，你眞的相信那些做出良好決策的人都出身豪門世家嗎？當然不是，他們接受自己已經是成年人、勇於爲自己的行爲負責，而且學會從重大挫敗中記取教訓。

・**習於做對的事**。一旦養成習慣，你就能不假思索地做出正確決定。當人們徵詢你該如何做對的事情時，你知道你已胸有成竹。

・**對自己誠實**。誠實就像不誠實那樣容易，事實上，誠實更容易，因爲你不需要有好記性，你不需要事後掩飾說謊的痕跡。老羅斯福總統說：「我不在乎別人怎麼看我，但我在乎我怎麼看自己，這就是品格！」

美國第三任總統傑佛遜（Thomas Jefferson）說：「寧可放棄金錢、放棄名聲、放棄科學、放棄世界和一切東西，也不做一件不道德的事。不管在任何情況或環境下，絕不認爲做不榮譽的事對自己最好。不管做什麼事，即使只有自己知道，也要自問如果全世界都看著你時你會怎麼做，然後就這麼做。」

即使已經過了兩百年，這仍然是一個彌足珍貴的建議。

麥凱箴言

喪失財富，你什麼都沒失去；喪失健康，你失去了一些東西；喪失品格，你就失去了一切。

75

網絡也有功率級數

銷售網絡並非生而平等，許多業務員無法分辨社交網絡，和真正能發揮效用的影響力網絡有什麼不同。

我記得曾經信心滿滿地走進買家的辦公室，結果卻被告知：「雖然我們從小就認識，但這不表示我現在要跟你做生意。」「從小就認識」這句話經常可以用「打高爾夫球」、「喝啤酒」、「一起打發時間」取而代之，沒有一個業務員敢說沒碰過類似的釘子。

產業團體是各種網絡活動的狩獵場。如果你在產業俱樂部很活躍，就有辦法隨時掌握競爭者的動態。最近X公司有許多老手辭職嗎？自助餐檯附近有什麼八卦？也許X公司已經瀕臨破產？

許多經營者在產業協會的地方分會尋找主管人才，在這類聚會場所永遠有許多小道消息。如果你是獵人頭業者，那裡是發掘有哪些人正準備跳槽的好地方。

昨日的網絡不是今日的網絡。你的社交網絡和你的商務網絡不同。你的「錢財」網絡也不同於你的「資歷」網絡。

別假設一種網絡會自動蔓延到另一種網絡。

你當然希望網絡能延伸。任何一位優秀的業務代表都希望能把每一位可以溯及到亞當時代的親戚，都轉變成自己的客戶，而且也努力這麼做。但，這不是想做就能做到。

你必須爲網絡銷售打基礎，就像任何其他商務活動一樣。絕不要假設有人欠你做生意的人情。在現代社會，做生意是恩惠，不是還血債，雖然社會或家族關係對你的生意多少有些助益。每一個自以爲有網絡圈子實則不然的人都嚐過閉門羹，包括我自己在內。

麥凱箴言

別在金礦裡釣鱒魚，也別在鱒魚溪裡淘金沙。

76

人生最後一刻，再創新局

人生是一場專給贏在起跑點的人打破績效紀錄的表演嗎？對懂得撒調味料的老手來說，人生並非如此。

．桑德斯上校（Colonel Harlan Sanders）到六十五歲時，才用他的第一筆社會福利金支票一百零五美元，開始經營肯德基炸雞加盟連鎖店。

．電視新聞記者芭芭拉．華特絲（Barbara Walters）一九九七年與碧哈（Joy Behar）聯合製作《觀點》，並把構想賣給ＡＢＣ時，她已經六十八歲。她和現年六十九歲的碧哈從節目開播至今，一直是僅有的共同主持人。她們的節目被讚譽爲富於創意，與時下急就章的新聞節目大不相同。

．管理大師彼得．杜拉克一生完成三十九本著作，他在六十五歲時，才完成了這個數字的一半，而且直到九十多歲仍不斷激盪出許多深刻而新鮮的觀點。

・安吉拉・蘭絲白瑞（Angela Lansbury），她在二〇一一年，剛滿八十五歲。她兩年前在百老匯重演的《開心鬼》（*Blithe Spirit*）中扮演阿卡提夫人，令觀眾刮目相看。不久後，這齣戲爲她贏得了輝煌演藝生涯中的第五座東尼獎。

・投資人、藝術收藏家兼慈善家紐柏格（Roy Neuberger）在一九八七年股市崩盤時，「狠賺了一大票」。他在二〇一〇年平安夜去世時，享壽一百零七歲。在自傳《活得眞好》（*So Far, So Good:The First 94 Years*）一書中，紐柏格寫道：「我已經不像以前那樣健步如飛了。我八十歲時可以走很遠的路……到了九十四歲，我每週三次跟一位私人訓練師運動。我四十五分鐘內做四十二次練習……這花了我四十五美元，所以一分鐘一美元——眞划算。」

上述每個人都秉持著前第一夫人伊蓮娜・羅斯福的「實現夢想，永不退場」心態。她的朋友都知道，可畏的「小奈兒」（Little Nell）七十幾歲時仍在和平工作團的全國顧問委員會服務，甚至在電視上爲好運牌人造奶油打廣告，把所得捐給慈善團體。她爲自己的人生下了一個註解：「不管年紀多大，我無法滿足於只是坐在火爐邊的角落裡靜靜觀看。」

我們大多數人一直要到經歷艱辛歲月後，才學會竭盡所能。馬克・吐溫一針見血地說：「我的前半生花在上學，我的下半生則花在接受教育上。」沒有人可以打敗一個經驗豐富、專心一志，而且能夠並願意將所學到的新教訓加以應用的人。

麥凱箴言

那段被稱作你的「黃金歲月」的時光，絕非偶然。

快課一分鐘27

積極心理的威力

狄恩（Gordon Dean）是美國知名的律師兼檢察官，也是原子能委員會（Atomic Energy Commission）的創始委員之一，並在一九五〇至一九五三年間擔任該會主席。狄恩一九五八年死於一場墜機意外，據說他的遺物中有一個信封，信封背面寫著九個人生教訓。這些教訓與原子能定律無關，而是他的人生哲學：

1. 永遠不要喪失保持熱情的能力。
2. 永遠不要喪失憤慨的能力。

3. 永遠不要論斷別人——別太早對人下定論。但在緊要關頭時，絕不要先假設人性本惡；要先假設人性本善，一個人最壞也只是介於善惡之間的灰色地帶。

4. 永遠不要光憑財富而肯定人，或因貧窮而否定人。

5. 如果你在艱困時無法慷慨，在寬裕時更不會慷慨。

6. 最強而有力的信心建立法是把事情做好——幾乎任何事都行得通。

7. 當擁有自信後，人才會努力追求謙遜；其實，你並不是真的那麼優秀。

8. 一個讓自己出類拔萃的方法是要求其他人提供他們最好的點子，用他們來補足自己，並且隨時把功勞歸給這些幫助你的人。

9. 這個世界和個人事件中最大的悲劇，都源自誤解。所以，要溝通！

我們都是人生學校的學生。想當班上的第一名嗎？用心學習，並勤做筆記。

77

培養自尊

去年六月底，我接到一位我曾教過的大學畢業生打來的電話，她剛找到一份家居設備公司的水管零件銷售工作。她的第一件任務是，在她新加入的銷售團隊面前發表一段有關自尊的演講。她翻遍我的書和專欄，找不到任何與這個主題直接相關的內容。

當然，我有幾則論自尊的故事散見於各處。大多數文章還是在談別妄自尊大，我在文中經常提及：「如果你自認不可或缺，把手指伸進碗裡，抽出時檢查上面留下了幾個洞。」

我們談話時，這位社會新鮮人提出了一些難以回答的問題。「你如何在銷售工作中保持自信，麥凱先生？」她問道，「只要經過一、兩次的斷然拒絕，我想所有的積極態度就會全然崩潰瓦解。你從筆電上叫出你的銷售圖，怎麼也逃避不了連續一、兩週掛零的業績，這時候你如何保持自信？」

這些問題來自一位新手，不是身經百戰的老兵。我決定該是做一點研究的時候了。

澳洲一個古老的原住民部落採取一種獨特的方式，把責任的觀念灌輸給部落裡的年輕人。每個年輕人在預定好的時間，被鄭重地交付一份攸關部落生存的祕密知識。例如，可能是領地上一處隱祕的泉水地點，或一個在部落遭到突襲時可以躲藏的祕密洞穴。

部落裡不會有其他人受託相同祕訊。族人會期待那名年輕人在適當時機來臨時，爲了全部落的福祉揭開他保守的祕密。試想，這種習俗會帶給部落裡的年輕人多麼大的使命感和歸屬感。每個年輕人都在部落的福祉中扮演獨一無二的重要角色。如果我們可以找到效法這種古代部落習俗的現代作法，那該有多好。

教育向來都非常重視學生自尊的培養，但近來卻受到廣泛的檢討。原因是許多小孩滿足於只做自己能夠勝任的工作，而非全力以赴。有人指出，我們不應該說他們沒把事情做到最好，以免傷了他們的自尊。但告訴他們竭盡所能，做到最好才是眞正培養自尊的方法。鼓勵你的同事或員工做到一一〇%並不是壞事；這證明你相信他們有能力辦到，自尊就是這樣建立起來的。

我在回答我的這位年輕朋友的問題時，做了一個結論：絕不能讓自己逃避事實。別逃避它們，別美化它們，但也別讓它們打擊你的自尊。如果你容許自尊受挫，你將無法改變事實，就是這麼簡單。

專欄作家波姆貝克（Erma Bombeck）給了我們指引方向的路標，教導我們如何過自己的人生，以及維護我們的自尊：「當我在人生終了面對上帝時，我希望自己沒有留下任何絲毫未用的才能，而能說：『我使用了祢給我的一切天賦。』」

你會把你代理的產品賣給自己的母親，或是她投資的公司嗎？你會自己使用這種產品，或是把它推薦給你賴以維生的公司嗎？

銷售世界的自尊，始於你有信心的產品。

自尊建立在積極的態度，和經常性的現實對照基礎上。以你做的事爲傲，不管是洗盤子或經營一家大公司。

在銷售中，能夠嫻熟地說明你的產品，並對產品的品質深具信心，對達成交易極其重要。你會向一位不能保證產品安全的業務代表買輪胎嗎？你會爲一家無法提供這種保證的公司銷售產品嗎？如果我要維護我的自尊，我肯定不會浪費自己或客戶的時間在粗製濫造的產品上。所以囉，我的客戶決定我的自尊。重要的不是我爲自己做了什麼，而是我能爲客戶做什麼。

麥凱箴言

世界上有兩種人，第一種人走進屋子時會說：「我來了！」另一種人則會說：「噢，你在這裡！」

78

善用自尊

下次有人罵你是個自大的笨蛋時，你可能會認爲感謝他們只是證實了他們的看法。但那正是你應該做的事，他們恰恰對你健全的心智提供了強而有力的背書。

這段時日，自尊已變成人格缺陷的代名詞，但這是對自尊的誤解。那是一種虛假的自尊，源於大量誇讚人們完成例行的簡單工作所致。比虛假自尊更糟糕的行徑，非假謙遜莫屬了。謙遜的確是很重要的美德，也是我們應該具備的，但假裝謙遜只爲了博取人們的恭維，反而是一種極度不安全感的表現。

以正當手段贏得的自尊來自良好的工作表現，因爲那是你努力工作換來的卓越成就。它意味你已把天賦發揮到極致，也就是羅傑斯（Will Rogers）說的：「如果你做得到，那就不是吹噓。」

實至名歸的自尊在競爭的銷售界裡，提供了重大的優勢。自尊程度愈高的人，愈能與自己和別人和睦相處。

擁有高自尊的人往往更有成就，也更利他主義。精神治療師布蘭登（Nathaniel Branden）發現高自尊會帶來一種額外好處：「大量證據顯示，自尊程度愈高，人就更願意待人以尊重、和善和慷慨。」

以自己做的事，或認為自己能做的事為傲，有什麼問題嗎？年輕時，我們以為自己無所不能。這種熱情不應該隨著我們年紀漸長，或經驗更豐富而有所改變。我們的成就理當強化我們的自尊。

華盛頓大學（University of Washington）心理學家葛林華德（Anthony Greenwald）稱之為「自我中心偏見」（egocentricity bias）。這是對事件的再詮釋，讓我們處於一種更樂觀的心態，相信自己比實際上更能控制外在的事件。他說這是心理健康的表徵。

樂觀也許帶著自欺，認為自己的能力足以跨越眼前的障礙。但這正是肩負艱困任務，而能有傑出表現所不可或缺的。除非你認為自己可以完成原本無法完成的事，否則你怎麼可能會激發出優異的表現？

奧運滑冰明星漢彌爾頓（Scott Hamilton）說：「橫逆、堅持不懈所有這類東西可以塑造你。它們會賦予你一種價值和寶貴的自尊。」關於積極自尊的威力，最好的例子莫過於拳王阿里了。他自稱是「有史以來，最偉大的阿里」。他從不懷疑自己有爭霸的能力，他的戰績證明他所言不虛。

運動界和商界的佼佼者始終深信自己能成爲英雄，雖然他們不會站在屋頂上大喊自己是英雄，但卻會展現在他們的臉上。事實上，棒球球探稱這種表情爲「好臉」（the good face），也就是從贏家臉上散發出來的自信感。企業徵才主管在應徵銷售人才時，也經常尋找這種自信的表情。

一個小男孩走進自家後院時喃喃自語，頭上戴著棒球帽，手上拿著棒球和球棒。「我是世界上最偉大的棒球選手！」他驕傲地說著。他把球往上一拋，然後揮棒落空。

他毫不氣餒地撿起球，再次拋到空中，接著又對自己說：「我是最偉大的棒球選手！」當球掉下時，他猛力一揮，再度揮棒落空。

他停頓一會兒，細心檢查球棒和球。然後，他再一次把球拋到空中，說：「我是有史以來最偉大的棒球選手！」球掉下來時，他再次用力揮棒，依舊揮棒落空。

「哇，好棒的投手！」他叫道。

麥凱箴言

全力以赴，做到最好。

快課一分鐘28

不計分的互惠

如果我們夠聰明，會讓自己被一群才幹之士圍繞，他們是我們所能找到最有才幹的一群人，也是我們最有價值的資產。

我認為這群人是我們個人的「大腦銀行」。他們包括了我們的朋友、良師、同事、生意往來者，以及（對業務員來說）已和我們建立長期職業關係的客戶。你不知道自己什麼時候會從「帳戶」裡提領這些寶貴的資源。

當你每接一通電話、每做一次拜訪時，記得在結束前誠懇地問對方，你能幫他們什麼忙。有百分之九十五的機率對方會謝謝你，並告訴你他們真的不需要幫忙。

不過，當他們真的要求你幫忙時，你的眼睛應該像照亮紐約時報廣場的LED燈那樣閃閃發光。當他們告訴你他們所需的協助時，要熱切地仔細記下每一個細節，然後竭盡所能滿足那些要求。

當你做完這些後，絕對不要期待對方的任何回報。別在電話拜訪或電子郵件裡，要求對方的感激。你之所以會幫忙，是因為你喜歡並尊敬對方，而且是真心誠意地想要幫他的忙，我稱這種態度為「不計分的互惠」。在本書十餘萬字的內容裡，最重要的內容就在本頁。

如果你用這種方式經營你的事業生涯和生活，會發生兩件神奇的事：隨著時間過去，人們會設法為你做些出乎你意料的驚人之舉，好讓你的日子更安逸；當你的人生由晴轉陰，無情的暴風雨猛烈襲來，你可能會驚訝地發現，在你背後竟然有個超乎你想像的支援網絡，願意支持你。

79

設定標竿

每年有十位美國人接受地位崇高的何瑞修・阿爾傑協會（Horatio Alger Association）的表揚，成爲協會會員，過去獲頒這項殊榮的人包括三位總統——艾森豪、福特和雷根——加上前國務卿鮑威爾（Colin Powell）、鮑勃・霍伯（Bob Hope）、歐普拉（Oprah Winfrey）、葉格（Chuck Yeager），以及其他各界領袖。幾年前，我有幸在美國最高法院議事廳舉辦的頒獎儀式中，獲此殊榮成爲該會會員。

這個組織成就非凡，不只是因爲其他同儕會員的成就，也因爲他們的所作所爲繼續貢獻社會良多。阿爾傑寫過一百本白手致富故事的小說，書中的英雄都藉由教育和角色榜樣之助而克服逆境。這個協會是美國最大的民間獎學金獎助機構，授予的唯一標準是需要獎學金者。二〇一一年他們授予超過七百萬美元的大學獎學金，給全美各地近一千名年輕人。據估計，從一九八四年到二〇一二年，該協會將授予超過八千七百萬美元的大學獎學金。

當我翻閱何瑞修・阿爾傑會員名單時，我驚訝地發現有許多人經由銷售石階攀上頂峰，他們靠著銷售與談判的技巧打造了偉大的基業。

・福夸（J. B. Fuqua）以買賣專長建立起通訊與房地產事業帝國，後來捐贈成立了杜克大學的福夸商學院（Fuqua School of Business）。他最著名的引句是：「即使立定了目標，成功與失敗的區別往往在於勇氣。我有承擔風險的勇氣。」

・紐哈斯（Al Neuharth）是新聞業的傳奇人物，也是《今日美國報》（*USA Today*）的創辦人，他最早和我一樣也沿街叫賣報紙。他說：「你失敗時天不會塌下來。四眼田雞（Chicken Little）錯了，月亮和星星還在天上。下一次你伸手摘月亮和星星時，你更有可能眞的把它們摘下來。」

・還有從打掃屋子和擠牛奶開始，最後擁有一個金融帝國、百事可樂和明尼蘇達雙城隊的波拉德（Carl Pohlad）。他的處世原則是：「努力工作，並從每一個人生經驗尋找機會。」

我們可以從這個傑出組織的成員身上學到什麼？當你學會信任自己的自我價值，並能推銷你的信譽和權威給別人時，你便掌握了打開世界最傑出俱樂部的鑰匙。爲什麼你可以躋身阿爾傑協會？因爲你證明了你有能力把所學的東西貢獻給社會上的其他人。

擴展更開闊的人生目標，你會發現更多神奇的事。建立最龐大的客戶名單，或是創下最賺錢的銷售業績，將激勵你致力於追求更遠大的目標。

麥凱箴言

如果你做得很好，你等於也是在做好事。

80

銷售永遠需要人

業務員不在。他不是在汽車上，就是在個人電腦前，四周圍繞著團隊的其他「成員」：電腦螢幕、印表機、傳眞機、呼叫器、錄音機、行動電話和影印機。只要操作這些閃閃發亮的各種電子工具，我們就可以做生意了。

我們以前也走過這條路。每當有嶄新裝置發明出來，我們就聽說工業革命將捲土重來。這種事不會發生的。

工業革命不只是讓蒸氣取代馬匹的工作，而是人遷移到城市居住，在那裡工作的是其他人，而不是農場裡的動物。

電腦是今日的農場牲畜，它們可以做辛苦、不花腦筋的工作，比動物和人都快上許多，但它們絕不是理想的辦公室夥伴。業務員可能不再需要到辦公室去推銷東西，但他們需要到辦公室「見人」——不是爲了自己的利益，而是爲別人著想。

沒有人在成交一筆大生意後，回到汽車上播放業務經理拍他們的背，恭喜他們的錄影光碟。

人必須與人互動——對著人回應、吹噓、與人競爭，並且需要四周圍繞著人。這是激勵我們的因素，也是小憩、交誼的喝咖啡時間，以及銷售會議與業務經理存在的目的。

你做銷售拜訪不是為了賣東西給某個人，而是為了別人而扮演某個人！

假設你決定買一棟建築師名家設計的住宅。有兩種建築師，第一種穿一千美元的西裝，擁有漂亮的辦公室，業務員忙進忙出。到處有建築計畫、模型、草圖和得到的獎項。建築師帶你坐上他的凌志轎車到工地參觀，他每年蓋五十棟房子。如果你再仔細探究，就會發現他每年賺五十萬美元，而且和許多建築師一樣，他偶爾會過度擴張信用，甚至曾經聲請破產保護。

第二種建築師穿牛仔褲，他不開車帶你到工地，因爲他的辦公室就在工地。那是他的工寮，看起來像是用砍來的木頭蓋的。他開的車絕不會是凌志，而是輪胎沾滿泥巴的皮卡車（pickup）。辦公室只有另一名員工，他的妻子；這裡沒有模型或時髦的草圖，只有建築藍圖。他每年蓋一到十棟房子，如果你再深入探究，就會發現他每年賺五十萬美元，而且和許多建築師一樣，他偶爾會過度擴張信用，甚至曾經聲請破產保護。

我們該如何看待這兩位忙碌建築師的財務？他們蓋的房子價格和結構都差不多，兩人都賺同樣多的錢，過去做生意的紀錄也相去不遠。第一位蓋的房子成本較高，他靠量來解決這個問題；第二位每棟房子的獲利較多，因爲成本較低。

唯一較大的不同在於你，也就是客戶。我願意賭最後一塊錢，這兩位建築師中的一位正是你樂於做生意的對象，而另一位則讓你完全無法接受。不管你喜歡哪個建築師，你都會以大抵相同的價格買到品質相同的房屋，而是銷售、行銷、印象和人際接觸造成他們的差異。

沒有一部電腦能複製一個人給你或其他人的印象。不可否認，有人寧可完全不與人打交道，而只願意與沒有人味的電腦接觸。我想這是各取所需，或各家公司文化不同所致。

麥凱箴言

你可以領先市場而獲得成功。你也可以跟隨市場而獲得成功。但是，你不能違逆市場而獲得成功。

81

銷售成功的藍帶食譜

多年來我問過許多人，偉大的業務員是如何造就的，而我得到許多類似的回答：熱情；堅持不懈；性格與人緣；制定計畫；容易聯絡；值得信賴；堅定的工作倫理；積極主動；學得快；目標導向；後續追蹤（或者像我說的，銷售始於客戶點頭時）；良好的溝通技巧；幽默感；謙遜；善於把握時機；以及擅長建立交情。

堅持不懈通常被列在清單前面，如同本書所強調的。想想過逝的蘋果創辦人賈伯斯（Steve Jobs），他曾在執行長任內被蘋果開除，十一年後再回鍋重掌兵符，然後帶領公司推出iPod、iBook、iTunes、iPhone和iPad這些大受歡迎的產品。南非《郵衛線上》（*Mail & Guardian Online*）給了賈伯斯「終極業務員」（The Ultimate Salesman）的封號。

當人們要求我列出業務員最重要的三種技巧時，你們已經知道了我的回答。

一位工具供應商好友告訴我，熱情是最重要的特質。他相信你給客戶的任何東西都應該反映你的熱情，不管是做簡報說明或只是一張說明書。他在辦公室放了一面鏡子，用來觀看自己，以確保打電話時臉上帶著微笑。這也強迫他每當與客戶說話時保持專注。

表演技巧也很重要。一流的業務員必須展現精彩的表演，即使在客戶的母親同時競相吸引客戶注意力，看起來必輸無疑的情況下。

另一個人告訴我，你必須敢於要求訂單和達成交易。她察覺到，許多業務員會提出要求，但就是無法讓客戶點頭簽字。

其他特質較不常見，其中有些是外表較無法看出的個人特質：

- 腦袋像錄影機一樣，可以在一天結束時重播與客戶互動的所有過程。
- 思路清晰，而且反應迅速。
- 能注意到所有細節。
- 善於處理壓力。
- 熟悉先進的電腦技術，可以發揮最高的時間效率。
- 有彈性，善於同時處理多項工作。
- 事先做準備，以提高績效。
- 了解自己和競爭者的產品與市場。
- 能發現並善用自己的優勢。

・能處理被拒絕。你不能害怕失敗。在許多銷售領域裡，每十次銷售中就會有九次被拒絕。在棒球界，如果你每十次打擊能成功三次，你就能得到一紙六百萬美元的合約。

另外一些較不常見的特質，則和與客戶應對的能力有關：

・如果無法當場得到答案，要如何得到答案的能力。
・增加能補足你技巧的人手到團隊。
・能與客戶結交成朋友的能力。
・照顧現有客戶（而他們也會反過來照顧你）。
・對客戶有同理心。
・自願做對自己和他人都有利的事。
・能聽出弦外之音的能力。
・了解公司的決策者和內部運作，讓你能做好準備，以因應做最後決定的人。
・用不同的方式與每一位客戶打交道，但不會設法同時討好所有人。

這些特質大多數幾乎可以應用在所有行業裡，但最後一項有必要爲業務員做進一步的解釋。你必須了解，即使你做對了所有事，你的產品還是有可能不適合客戶。不妨這麼想：只因爲你辦得到，就應該把冰賣給愛斯基摩人嗎？合乎道德的行爲不僅該做，也是業務員成功的核心要素。

一個理想的業務員能夠與時俱進。我們生活在一個愈發競爭，也更加透明的世界裡。這也就意味著你必須具備驚人的技巧與心志，還有正確的心態，才能達到卓越。至於那一類咄咄逼人、走開別打擾我的業務員，保證會在客戶評價的收銀機上，被按下「零成交」鍵。

麥凱箴言

少了正確的銷售技巧，可怕的事發生了——什麼都沒發生。

82

成功的七個C

在通往成功的路上，你可能會繞一些遠路、遇到一些障礙，並抵達在你規劃之外的地方。我仍然在繼續我的旅程，現在我要提供我的地圖供你參考，希望你能一帆風順經歷成功的七個C。

一、清楚（Clarity）：八〇%的成功來自你清楚知道自己是誰、你懷抱什麼樣的信念，以及自己要什麼。但你必須不斷努力追求你要的東西，而且要確定你周遭的人都了解你希望達成的目標。

在戰爭年代，一位年輕的數學家受命擔任潛水艇艦長。他急切地想得到部下的信服，而且強調嚴格遵守所有安全程序的重要性，於是聚集所有人開會。他的指示如下：

「我設計了一套簡單的方法讓你們所有人學習。方法是：每天計算從你登艦以來潛水艇下潛的次數，然後把這個數字加上潛水艇浮出水面的次數。如果你得到的總數不是奇數——那麼，別把艙蓋打開。」

二、**能力**（Competence）：除非你已經精通現在所做的事，否則你不能爬上另一級階梯。只要記住兩件事：第一，知道「怎麼做」的人永遠找得到工作；第二，知道「爲什麼」的人永遠是老闆。

三、**限制**（Constraints）：成功的障礙有八○%來自內在。找出內心或公司內部有什麼東西在限制你，然後設法克服它。

蓋洛普（Gallup）針對品質難以提高的原因做了一項調查，頭號原因是財務限制。我們置身的環境，以及我們本身給予自己的挑戰，往往塑造了我們的生活和事業。

舉例來說，想想一個在地方農產品交易會贏得藍帶獎的農夫。他得獎的產品是什麼？一棵巨大的小胡蘿蔔，形狀就像一瓶一夸特的牛奶瓶。問他如何種出形狀像牛奶瓶的小胡蘿蔔，這位農夫回答：「很簡單，我讓種籽發芽，然後把它移植到牛奶瓶裡，它就只能長成這種形狀。」

四、**專注**（Concentration）：專心一意，使命必達的能力，對成功極其重要。

偉大運動員向來以專注、聚焦聞名。高爾夫傳奇霍根（Ben Hogan）準備打一記關鍵推桿，突然遠處傳來火車喧囂的汽笛聲。在他打出推桿後，有人問霍根火車汽笛聲是否干擾了他？「什麼汽笛聲？」霍根反問。

別忘了前洋基偉大球員，也是美國人最喜愛的哲學家貝拉，他說：「你不能同時思考和打棒球。」

五、創造力（Creativity）：對各種來源的觀念保持開放。與有創造力的人為伍。創造力就像肌肉需要鍛鍊：如果你不用它，就會失去它。

研究顯示，男女學生的創造力水準在五歲到十七歲間會大幅下降。事實上，隨著年齡增長，人的創造力會逐漸下降。好消息是，只要你不斷挑戰自己，這個趨勢就能被逆轉。想想摩西婆婆（Grandma Moses）直到八十歲才開始畫畫，後來畫出一千五百餘件作品。

六、勇氣（Courage）：勇氣是一種需求最大，但卻是供應最少的特質。勇氣是一種意志，做你認為該做的事。不同於一般人的看法，勇氣並非沒有恐懼。勇氣是儘管恐懼，但卻勇於行動的心。別害怕發揮你的勇氣。

七、持續學習（Continuous learning）：每天、每週和每個月撥出時間來提升自己。閱讀產業刊物或書籍，或在上下班路上聽商務CD，設法讓自己保持領先競爭對手。回學校選修課程，或加入民間團體、組織上課……，不管你想學什麼，就是別停止學習。

麥凱箴言

有些人成功是命運注定，但大多數人成功是他們決心要成功。

幸運餅乾——搞定它

- 別讓你不會做的事妨礙你會做的事。
- 耐吉（Nike）說得最好：「就是去做。」（Just do it.）
- 絕不要優柔寡斷。
- 什麼事都不做的人一定一事無成。
- 沒有行動的點子毫無價值。
- 開頭很重要，而結尾最重要。
- 說不可能完成的人，不應該阻礙埋首其中，致力完成任務的人。

- 如果你嘗試做每一件事，每一件事就會更難做成。
- 要擺脫困境，坐而言不如起而行。
- 行動勝過憂慮。
- 我不僅竭盡我的智慧，也竭盡所有我能借來的腦袋。

  ——威爾遜總統（Woodrow Wilson）
- 人們以我們完成了什麼，而不是以開始了什麼，來評斷我們。
- 唯一要緊的事是，你是否說你辦不到。

VIII

補充

83

麥凱精英8（加1）：改變銷售生涯的書單

在你即將看完本書之際，我希望我已分享的所有建議，足以把你的銷售生涯送上月球又回來。我已貢獻出我能提供的最佳祕訣和策略，現在我還要再加碼，奉上我百讀不厭的銷售書單。（你會發現我並沒有把曾經高踞《紐約時報》暢銷書排行榜第一名、我的另一本著作《攻心爲上》列入其中，但你可以自己決定是否把它納入書單中！）

我曾徵詢頂尖的業務員、銷售訓練師和書商，所有人都告訴我下列書籍應納入每個認真向上的業務員的書目中。這些書在市面上都買得到。這些作家許多年來一直都激勵著我，我知道他們也能幫助你。

- **《思考致富：成功致富的13個步驟》**（*Think and Grow Rich*），**拿破崙・希爾**（Napoleon Hill）◎著

這本歷久彌新的書所談的內容不僅限於銷售，但它無疑是每個銷售專業人員必讀和鑽研的書。雖然希爾於一九三七年寫就本書，然而他的建議仍然完全切合今日的經濟。

他根據多年來針對五百多位成功富人所做的研究，在書中各章討論賺錢的祕訣。我在這裡不透露有哪些祕訣，因爲他說那些有心且蓄勢待發的讀者自己會挖掘出來。

他書中提供的十三個簡單步驟公式，提供了辨識目標、掌握眞正成功祕訣、達成任何人生目標，和變成超級成功者的指南。任何人只要願意改變自己，和採取成功的態度，就能得償所願。我在職業生涯中屢次聽從希爾的建議，我是他的門徒。

相信我，這是我歷來最愛的兩本書之一（接下來，是另一本）。

·《卡內基說話之道——如何贏取友誼與影響他人》（*How to Win Friends & Influence People*），**卡內基（Dale Carnegie）◎著**

另一本禁得起時間考驗的雋永之作也是出版於一九三七年，本書應該被列爲高中高年級生必讀的讀物，而且每年應重讀一次。這本創新之作出版的年代極度缺乏這類主題的訓練材料，卡內基多年來對人際關係的研究，爲這本討論「商務與社交人際關係藝術」的書提供了基礎。

卡內基在整本書中強調積極的行動。「人類行爲有一個最重要的法則，如果我們遵循這個法則，就永遠不會遇上麻煩。事實上，如果遵循這個法則，將帶給我們數不盡的朋友與長久的幸福……這個法則是：永遠讓別人覺得自己很重要。」

這不就是每個成功業務員都必須遵守的座右銘嗎？

這本書在七十多年的發行期間裡，總計賣出超過一千五百萬冊。雖然卡內基在一九五五年辭世，但是他的忠告卻沒有時間性，而且放諸四海皆準：「無數業務員因爲採用這些原則，而大幅提升他們的業績。」

・《世界上最偉大的推銷員》（*The Greatest Salesman in the World*），**奧格・曼迪諾（Og Mandino）◎著**

這本字字珠璣的小書初版於一九六八年，主旨是你可以「利用十卷流傳數千年的古老卷軸裡無價的智慧」，來改變你的人生。這是一則引人入勝的故事，分成短篇章節，介紹並解釋十個只要我們將它轉變成好習慣，就能改善人生每一方面的觀念。

本書在許多年前啟發了我，此後我不時重新溫習它，以鼓舞我再度追求卓越的決心。整本書花不到兩小時就可以讀完，原書只有一百多頁，但我保證當你闔上書時，你對自己的前途會有全新的視野。

書中的觀念沒有一個是新的，並提醒我們銷售是第二古老的行業。推銷也許是低科技的方法，但幾千年來它已證明自己是贏家。

正如世界上最古老的業務員哈菲德（Hafid）說的：「如果我想成功的決心夠強，失敗就永遠趕不上我。」

・《銷售101》（*Selling 101*）**，金克拉（Zig Ziglar）◎著**

金克拉以傳達改善人生與平衡生活的激勵訊息，而獲得舉世肯定。他也出版其他銷售相關書籍，但這本書是我最愛的參考書。

他鼓勵讀者以這則聲明展開每一天：「今天，我會是一個成功的專業業務員，今天，我也會學到一些讓我明天更專業的東西。」這本一百多頁的指南書，簡明扼要地提供初出茅廬或經驗老到的業務員有用的建議。

金克拉強調：「誠實、品格、前後一致、信心、愛與忠誠的基石」，不僅適用於成功的銷售上，也適用於生活、家庭和友誼等方面。他的四步驟銷售規劃程序，解釋何以照顧顧客的基本需求可以提升績效和顧客滿意度。他揭露了讓許多業務員功敗垂成的成功成交有什麼訣竅。

最後，他提醒我們「銷售生涯是由銷售前、銷售中和銷售後共同構成的」。他的建議特別可信，因爲他也遵循自己的公式，並創造出極成功的銷售生涯。

・《銷售小紅書：銷售之神的12 1/2真理》（*Jeffrey Gitomer's Little Red Book of Selling*）**，傑佛瑞・基特瑪（Jeffrey Gitomer）◎著**

這本書唯一「小」的地方是它的體積，但書裡包含的資訊卻極爲巨大。

基特瑪提供十二點五則卓越銷售的原則，和許多幫助組織優先順序和思維的重要建議。

基特瑪說：「成功與不成功銷售的微妙差別，在於嘗試『銷售你有的東西』，與『營造潛在客戶願意買你的東西的氣氛』之間的差別。人們不喜歡被推銷，但他們喜歡買東西，這句話已成了我的註冊商標——這是我的咒語。」簡短而有組織的章節，提供了具體的策略也給予讀者許多激勵。

基特瑪本身的成功，就是他的建議值得採信的明證。他是交易高手，深諳顧客心理：「如果你成交一筆銷售，你可以賺得佣金。如果你交到一個朋友，你可以賺得財富。」他的另一本精闢入裡的書是《銷售聖經》（*Jeffrey Gitomer's Sales Bible*）。

·《銷售巨人》（*SPIN Selling*）**，尼爾·瑞克門（Neil Rackham）◎著**

瑞克門和他的公司在書中研究評估了三·五萬次銷售拜訪，並提出如何達成重大銷售的具體建議，以及解釋爲什麼小額銷售中使用的策略在大金額銷售中不但無效，而且有害。

本書書名中的「SPIN」是情況（situation）、問題（problem）、暗示（implication）和需求—報償（need-payoff）的縮寫，代表業務員在銷售拜訪中可以運用的四類問題，用以探索客戶隱藏的需求，並發展成明確的需求。他說：「在一樁單純的銷售中，通常在產品與其解決的問題之間有直接的關係。有可能剛好有一個解決方案可以用來解決那個問題。」但在較大的銷售案中，「很可能有許多『銷售拜訪』是由具有影響力者和使用者，代表你做內部推銷（給他們的上司），而你沒有機會在場。」

瑞克門以案例研究來呈現他的研究結論，並提出許多問題和潛在的反對意見，以協助讀者自己擬訂對大客戶的銷售簡報。本書使用清晰扼要的語言，和明確易懂的案例。

最重要的是，他強調注意細節的重要性：「我們的研究顯示，成功是由稱作行爲的重要小積木構成。最可能的是，銷售拜訪中數百個行爲小細節，決定了銷售是否成功。」

·《掌握推銷的藝術》（*Mastering the Art of Selling*），**湯姆·霍普金斯（Tom Hopkins）**

我喜歡推薦這本書的原因，可能是霍普金斯的哲學：「我熱愛銷售是因爲它能任你自由表達。銷售是少數幾種你可以做自己的職業之一，基本上你可以做任何想做的事……沒有一種活動對經濟的健康比銷售更重要；沒有一種活動比銷售更仰賴個人的主動。」沒有比這更眞實的話了！

霍普金斯是美國最頂尖的銷售訓練師之一，他務實的建議簡單而明確：如果你想賺更多，就更多學習。他解釋七個你可以讓自己想多偉大就多偉大的原則，和十二個讓銷售既精彩又成功的祕訣。他以清晰、詳盡而直接的語言教導你。

其中有一篇特別有用、值得反覆閱讀的章節是：〈爲什麼我不做我知道該做的事？〉，這一章討論當你遭遇每個業務員都可能會遇到的挑戰，即動機落後時，如何恢復你的熱情。

霍普金斯說：「技巧、知識和你的內在動力，就是成就你偉大的東西……這些特質可以擴展和加強——如果你願意投資時間、努力和金錢在自己身上……你就是自己最偉大的資產。」

‧《銷售中的心理學》（*The Psychology Of Selling*），博恩．崔西（Brian Tracy）◎著

崔西的心中毫無疑惑：「成功不是意外，失敗不是意外。事實上，成功是可預測的。它們有跡可循。」崔西把他最暢銷的錄音帶系列改寫成暢銷書，探討人們買東西的原因，以及如何利用在銷售上。他說：「身爲專業業務員的職責是贏得人們的心，而方法就是表現出你關心他們，希望把最好的東西給他們。」

他帶領讀者走過這個過程，解釋設定目標、創意銷售，以及了解人們爲什麼購買的重要性。他詳細解釋六種買家的個性，以及如何與他們打交道。另一張有用的查核清單是他的七步驟公式，用來擬訂和達成目標。他把所有要點列在書中簡要的說明中，稱作「銷售成功十要點」。在各章結尾的行動練習，可協助讀者演練他分享的觀念。

崔西在書的結尾提醒讀者：「此時此刻你內在就擁有可以擁有更多、做更多和獲得更多的能力，超越你以往任何時候。藉由在你選擇的銷售行業中變得絕對卓越，你可以達成所有目標，實現所有夢想……沒有任何限制。」

・《成功雜誌》（*SUCCESS Magazine*），月刊

《成功雜誌》承諾該雜誌將「竭盡所能把過去和現在的思想領袖及成功專家，帶到你面前，揭露他們的重要思想和策略，協助你在個人與專業生活的每個領域追求卓越」。

我每次出門總是攜帶最新一期的《成功雜誌》，因爲我從它們的報導中獲得許多極好的點子。

訂閱這份雜誌就是對你未來的投資。每一期雜誌都附帶一片CD，內含訪問和更多精彩內容，以便你在不方便閱讀時可以用聽的。立定目標讓你自己成爲未來專題報導的主角吧！

84

銷售字母書

不久前，我聽到我的孫子練習ABC，他有一本小圖畫書幫他記住每個字母代表的東西，他很專心地學習著，立志要成爲班上第一個認識所有字母和相關字彙的人。看他的決心如此堅定，我知道他很快就能學會。

在他用功時，我開始思考這些字母對我有什麼意義，尤其是在我這一生都從事銷售工作，以及幫助年輕人開創銷售生涯之後。我沒有畫圖畫，但以下是我的字母書包含的內容：

・**可得性**（Availability）：讓客戶找得到你很重要，如此每當他們有問題、感到擔心或想再下訂單時，都能聯絡到你。

・**相信**（Believe）：相信你自己和你的公司，否則趕快找別的銷售工作。

・**客戶**（Customer）：客戶並非永遠是對的，但如果你想留住他們繼續成爲你的客戶，就必須設法讓他們變成對的。

- **交付**（Deliver）：交付給客戶超乎你所承諾的東西。
- **教育**（Education）：教育是一輩子的事——永不停止學習。
- **後續追蹤**（Follow）：後續追蹤要做到徹底，別把客戶懸著不處理完畢。
- **目標**（Goal）：目標給了你每天去上班的動力。達成目標後，要再設定更高的目標！
- **人性化**（Humanize）：竭盡所能了解你的客戶，好讓你的銷售策略更人性化。
- **我**（I）：「我」是銷售中最不重要的字。
- **加入**（Join）：加入能在專業和個人層面上對你有幫助的商業組織和社群團體，例如演講協會（Toastmasters）、商會或青年成就協會（Junior Achievement）。
- **認識**（Know）：如同你了解自己和自己的產品，你也要充分了解你的競爭對手和他們的產品。
- **傾聽**（Listen）：傾聽你的客戶，否則他們將另找別人說話。
- **也許**（Maybe）：「也許」是客戶給你的最糟回答，「不要」還強於「也許」。想辦法讓「也許」變成「好」。
- **建立關係網絡**（Networking）：建立關係網絡是業務員應該培養的最重要技巧之一。某個人認識某個你應該認識的人。
- **機會**（Opportunity）：處處都有機會，隨時注意並發掘機會。

・**價格**（Price）：價格不是客戶購買你產品的唯一理由，但卻是一個好理由。

・**品質**（Quality）：如果你要客戶保持滿意，絕不能犧牲品質。

・**關係**（Relationship）：關係很寶貴，它們需要時間培養和建立，而且值得你花時間投資。

・**服務**（Service）：凡想長期留在產業的公司，無不重視服務。

・**信任**（Trust）：不論與誰做生意，信任都是關鍵的核心。沒有信任，你只會碰上另一個T開頭的字：麻煩（Trouble）。

・**無限潛力**（Unlimited potential）：不管你是賣電腦或糖果，無限潛力都可能發生。你是唯一能限制自己潛力的人。

・**自願**（Volunteer）：回饋永遠是好事。你可能發現自己獲得的比給予的更多，而且需要你幫助的組織永遠不缺。

・**贏**（Winning）：贏不一定意味打敗別人。雙贏對雙方都是兩全其美的結果。

・**X光**（X-ray）：用X光和掃瞄器照你的客戶，以了解他們的一切——好讓你提供更好的服務給他們。

・**你**（You）：「你」是你的客戶需要常常聽到的字眼，例如：「我能為『你』做什麼？」

・**熱忱**（Zeal）：熱忱是你的銷售說明、服務，以及整個人生都不可或缺的成分。讓你的熱忱照亮周遭！

有些東西永遠不會改變——包括了解如何對待客戶，以及客戶關係的重要性。而且如你所見，前述詞條的價值不僅限於銷售。

也許有一天我的孫子用得上我的字母書，那將會是我最感到驕傲的事。

85

十誡 II

我們都知道原版的聖經「十誡」（Ten Commandments），但你聽過《十誡第二版》嗎？我朋友寄給我的這些金玉良言據說出自阿姆斯壯（Elodie Armstrong），我改編之後與大家分享如下：

I 不可憂慮，因為憂慮是最不具生產力的人類活動。木已成舟，操心無益。整天憂慮比整天工作更累人。人們擔心昨日和明日，以至於忘了今日，而今日才是你必須努力以赴的日子。

II 不可恐懼，因為大部分我們恐懼的事永遠不會發生。我們面對的每一個危機都因爲我們的恐懼而倍加危險。恐懼是一種自我實現的情緒，當我們恐懼某件事時，事情也就愈發令人畏縮。如果我們拒絕向恐懼低頭，就沒有任何值得恐懼的事。

Ⅲ不可在來到橋前就先過橋（杞人憂天），因為截至目前還沒有人能成功辦到。解決你此刻面對的問題，明日的問題到了明日甚至已不是問題！

Ⅳ問題來了，就面對。無論如何，你可以一次只處理一個問題。在我最喜歡的一則《史努比》漫畫系列中，萊納斯（Linus）對查理．布朗說：「沒有問題大到我們躲不過它。」每當我想起這則漫畫就忍不住笑，因爲這似乎是解決問題的簡單辦法。解決問題不容易，所以別再惡化問題。

Ⅴ不可帶著問題上床睡覺，因為它們不是同床的好伴侶。只要記住：你的問題每到午夜似乎就變得更嚴重。如果我半夜醒來想到一個問題，我會告訴自己到了早上它會變得簡單點，果眞每次都應驗。

Ⅵ不可借別人的問題。他們自己解決問題會比你更容易。我必須坦承我違反過這條誡律，因爲我在別人未求助的情況下想幫助對方解決問題，或者我自以爲更有能力處理問題。但也因爲如此，我不一定要承擔問題的後果。

Ⅶ不可嘗試再過一次昨日。不管好或壞，昨日已永遠過去。把心思專注於當下發生在你生活中的事，而且要快樂！我們常說服自己等我們找到了更好的工作、賺到了更多的錢、結婚生子、買了更大的房子……後，生活就會變得更好。但眞正做到這些後，人生未必有什麼不同。《獨立宣言》說：「人人生而平等，造物者賦予他們若干不可剝奪的權利，其中包括生命權、自由權和追求幸福的權利。」你要爲自己的快樂負責。

Ⅷ當做一個傾聽者，因為只有傾聽，你才聽得到不同於自己的想法。你可以用耳朵贏得的朋友多過於用嘴巴。聽是人的五種感官之一，但傾聽是一門藝術。你的成功可能取決於你能否精通傾聽的技巧。大多數人不會聽你說話，除非他們感覺到你也在傾聽他們的談話。當我們感覺到別人願意聽我們說話時，我們會覺得自己受到重視，我們說的話舉足輕重。

Ⅸ不可因挫折而停滯不前，因為九〇％的停滯出於自憐，只會干擾積極的行動。挫折當然對問題沒有幫助，這時候最好休息一下，整理你的思緒，重新導引你的注意力到跨出有利的第一步，然後再度出發。

Ⅹ當細數你的恩典，絕不忽略每一個看似微不足道的恩典，因為許多小恩典會累積成大恩典。我們都有值得感恩的事，即使在最低潮的日子亦然。畢竟你還一息尚存，不是嗎？

BIG 399

麥凱銷售聖經：人人都能發掘自我潛能，成為銷售精英

The Mackay MBA of Selling in the Real World

作　　者—哈維・麥凱（Harvey Mackay）
譯　　者—吳國欽
責任編輯—陳萱宇
主　　編—謝翠鈺
行銷企劃—陳玟利
封面設計—陳文德
美術編輯—菩薩蠻數位文化有限公司

董 事 長—趙政岷
出 版 者—時報文化出版企業股份有限公司
一〇八〇一九台北市和平西路三段二四〇號七樓
發行專線—（〇二）二三〇六六八四二
讀者服務專線—〇八〇〇二三一七〇五
（〇二）二三〇四七一〇三
讀者服務傳真—（〇二）二三〇四六八五八
郵撥—一九三四四七二四時報文化出版公司
信箱—一〇八九九　台北華江橋郵局第九九信箱

時報悅讀網—http://www.readingtimes.com.tw
法律顧問—理律法律事務所　陳長文律師、李念祖律師
印　　刷—勁達印刷有限公司
二版一刷—二〇二二年十二月二十三日
定　　價—新台幣四八〇元
缺頁或破損的書，請寄回更換

時報文化出版公司成立於一九七五年，
並於一九九九年股票上櫃公開發行，於二〇〇八年脫離中時集團非屬旺中，
以「尊重智慧與創意的文化事業」為信念。

麥凱銷售聖經：人人都能發掘自我潛能,成為銷售精英/哈維.麥凱(Harvey Mackay)著；吳國欽譯. -- 三版. -- 台北市：時報文化出版企業股份有限公司, 2022.12
面；　公分. -- (Big；399)
譯自：The Mackay MBA of Selling in the Real World
ISBN 978-626-353-084-3(平裝)

1.CST: 銷售　2.CST: 行銷心理學

496.5　　111016838

ISBN 978-626-353-084-3
Printed in Taiwan